流域水环境

大数据管理平台构建技术与方法

何斐 张起萍 著

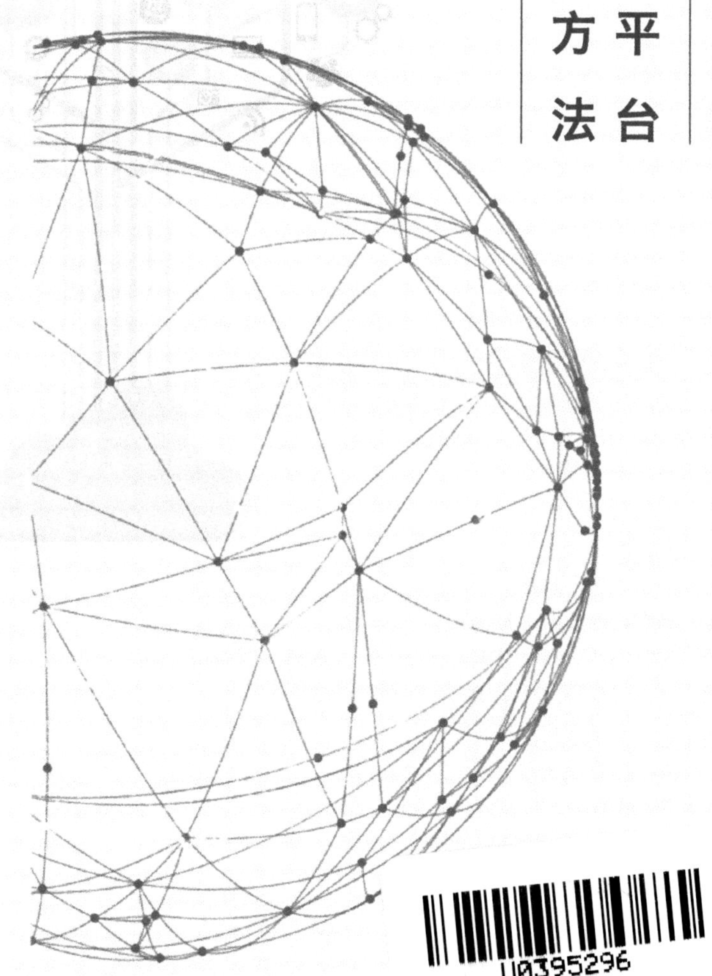

图书在版编目(CIP)数据

流域水环境大数据管理平台构建技术与方法 / 何斐，张起萍著. -- 南京 ：河海大学出版社，2022.12

ISBN 978-7-5630-7885-1

Ⅰ. ①流… Ⅱ. ①何… ②张… Ⅲ. ①数字技术－应用－流域－水环境－环境管理－研究 Ⅳ. ①X143－39

中国版本图书馆 CIP 数据核字(2022)第 244930 号

书　　名　流域水环境大数据管理平台构建技术与方法
LIUYU SHUIHUANJING DASHUJU GUANLI PINGTAI GOUJIAN JISHU YU FANGFA

书　　号　ISBN 978-7-5630-7885-1

责任编辑　卢蓓蓓

特约校对　夏云秋

封面设计　刘艳红

出版发行　河海大学出版社

地　　址　南京市西康路 1 号(邮编：210098)

电　　话　(025)83737852(总编室)　(025)83722833(营销部)

经　　销　江苏省新华发行集团有限公司

排　　版　南京布克文化发展有限公司

印　　刷　苏州市古得堡数码印刷有限公司

开　　本　787 毫米×1092 毫米　1/16

印　　张　9.5

字　　数　149 千字

版　　次　2022 年 12 月第 1 版

印　　次　2022 年 12 月第 1 次印刷

定　　价　68.00 元

目 录

第1章 绪 论

1.1 流域水环境大数据管理平台构建任务的背景

《水污染防治行动计划》(简称《水十条》)对流域环境管理提出了"研究建立流域水生态环境功能分区管理体系，系统推进水污染防治、水生态保护和水资源管理"的总体要求。中央全面深化改革领导小组审议通过的《按流域设置环境监管和行政执法机构试点方案》和由中共中央办公厅、国务院办公厅印发的《全面推行河长制意见》，从顶层设计上对流域水环境管理提出了新的更高要求。

流域水环境管理如何适应系统化、科学化、法治化、精细化和信息化的管理要求，系统集成并创新水质目标管理技术体系是关键所在。"十一五"和"十二五"期间水专项重点是进行共性关键技术的突破，且相关课题多在具体流域开展。从国家层面上看，长三角、珠三角、京津冀以及长江经济带等大区域水环境水质目标管理技术体系尚未得到系统集成，水质目标管理技术体系的规范化、标准化和信息化程度还有待提高，关键技术整体尚未得到全面应用，与整体业务化运行要求尚有较大差距。

《生态环境大数据建设总体方案》指出：大数据、互联网等信息技术已成为推进环境治理体系和治理能力现代化的重要手段，要加强生态环境大数据综合应用和集成分析，为生态环境保护科学决策提供有力支撑。而以问题为导向，加快推进大数据建设和应用，持续提升流域水环境管理信息化水平，加强生态环境质量、污染源、污染物、环境承载力等水环境管理各环节的综合研判，及时准确地对水环境进行模拟、评价和预测，为政策法规、规划计划、标准规范等的制定提供信息支持，为科学合理的治理提供可靠的决策依据，已成为水环境管理的迫切要求。现阶段，尽管我国很多涉水管理数据已经集中到了"数据中心",但由于数据管理基础设施和系统建设分散,应用"烟囱"和数据"孤岛"林立,导致现有的系统平台基础难以适应新时期流域水环境保护精细化和信息化对数据采集、信息共享、业务协同和智能管理的需求。通过构建国家水环境监测监控及流域水环境大数据平台,将加强数据获取、存储、整合、集成、处理、分析和综合利用能力,是创新水环境管理模式,提升水生态环境精细化、信息化管理水平的重要基础性工作,对于加强水生态环境综合管理能力具有重要意义。

1.2 流域水环境大数据管理平台研发技术进展

1.2.1 平台数据集成与共享

在环境信息共享研究方面,国外起步较早并已经取得了长足的发展。美国在20世纪70年代就开始利用地理信息系统(GIS)专业技术软件进行环境信息的管理和研究,为促进环境信息交换、发展和应用,由美国国家环保局(USEPA)牵头美国34个州参与筹建国家环境信息交换网络(NEIEN),并对环境数据标准进行了研究和制定;美国加利福尼亚大学、海军研究院、茫特雷湾水科学研究所共同研究开发了实时环境信息网络与分析系统(REINAS),它是根据实际需要开发的区域性海洋环境与资源立体、动态监测和信息服务系统。欧洲环境署(EEA)早在1985年就建立了欧洲共享环境信息系统(SEIS),该系统经过了"独立"的信息系统阶段、"报告式"的环境信息共享阶段,直至现在才形成真正的环境信息共享,各成员国所形成的环境信息子系统与EEA的中央数据库之间可以直接访问、共享和互通环境信息。奥地利政府在"数字奥地利"的基础上成立了一个专门针对环境信息的电子政府工作小组,建立了环境信息的一站式服务体系。德国于20世纪70年代开始了环境信息资源共享平台的建立,其中环境规划信息系统及综合的公众环境信息系统为公众提供了了解国家环境监测计划、环境报告以及环境质量等相关数据的渠道,同时公众可以将自己的意见反馈给政府。瑞典的数据资源目录工程(CDS)建成了连接全国各城镇的环境信息网络，通过互联网为广大市民提供各类环境信息服务，建立了政府同政府之间、政府同企业之间和政府同市民之间广泛交流信息的渠道。联合国环境规划署(UNEP)出版了专门发布环境评价报告的《全球环境展望》(*Global Environment Outlook*)，为了支持其数据收集工作，UNEP 建成了“UNEP. net”信息共享系统，同时欧洲环境署为了实现环境信息的共享建成了环境信息和观察网络(EIONET)等。

我国环境信息共享研究与现代信息技术同步发展，从 20 世纪 80 年代开始由传统的人工信息系统向以计算机为手段的现代化信息系统过渡，以环境监测和环境统计数据为主要的环境信息来源，初步建立了国家、省和地市三级环境信息工作体系，相继建立起“环境统计数据库”“环境质量监测数据库”“全国乡镇工业污染源数据库”等一批重点环境数据库，并在环境信息化管理和环境分析、评价、预测与决策支持模型的研究与应用方面进行了积极的探索。1991 年，中国环境监测总站建设全国环境监测数据软盘传输系统，颁布了相应的分类、分区编码规范和统一软件，对全国环境监测网站的报表数据进行统一管理、存储和传输；1994 年原国家环境保护局(以下简称“国家环保局”)建立了覆盖 27 个省、自治区、直辖市的中国省级环境信息系统；1995 年中国环境监测总站首次制作环境质量声像报告书，同年原国家环保局以计算机信息系统的形式发布国家环境质量公报。同时，我国还针对环境信息共享进行了专门的科技攻关研究，从“九五”科技攻关项目“中国可持续发展信息共享示范”，到“十五”科技攻关计划“中国可持续发展人口、资源环境信息共享系统与技术研究”项目，共完成了包含 5 大门类、29 大类、150 小类的中国可持续发展共享数据，建成了面向中国可持续发展综合分析与决策支持的信息共享数据库，包括了资源环境、减灾、海洋、海岸带和沙漠化等多个专题的应用研究。中国 21 世纪议程管理中心也建立了可持续发展信息共享网络中心，联合其他相关的 14 个信息共享网络分中心组成可持续发展信息共享网络服务体系，提供包括资源、环境、人口和经济信息在内的多种信息服务。

我国在环境信息共享工程建设中取得了重大进展，一方面有力地推动了环境保护工作的信息化建设，提高了环境保护工作的执行效率，为环境管理与决策提供了强有力的数据支持和辅助，另一方面环境业务的不断扩展和各环保部门与科研机构环境科学数据的海量累积又对全国各地区、各部门、各种内容和格式的环境数据的共享和综合使用提出了迫切要求。

1.2.2 平台模型集成与管理

目前流域水环境模型的研究多集中于GIS与水环境模型的集成，主要是空间基础数据的处理、模型运行结果的可视化表达等。传统水环境模型集成存在的主要问题是：一方面，单机环境下基于数据交换的集成松散，效率较低，很难做到无缝集成，无法实现模型研究、应用的共享；另一方面，通过代码重构（组件）的模型集成，由于平台、开发语言和数据模型存在差异，会导致工作量剧增，集成模式难以复制。

在过去的几十年里，随着计算机技术的高速发展，模型模拟与仿真得以广泛应用并日渐完善。然而，不同的计算模型在操作系统、软件需求、编写语言、数据格式等方面存在着较大差异；另外，很多模型处于跨学科领域，经常涉及地理数据的转换和分析，这就使模型的互操作变得更加困难。所以模型的集成一直是计算机领域和各学科领域共同研究的热点和方向。目前国内外模型集成主要基于以下三种方法。

1.2.2.1 面向服务架构的模型集成

面向服务架构（SOA）是由Gartner公司于1996年提出的，其基本思想是以服务为核心，将信息技术与资源整合成基于标准的、可互操作的服务，这些服务可以进行组合和重复使用。

SOA是一种结构模型，可以根据需求通过网络对松散耦合的粗粒度应用组件进行分布式部署、组合和使用。简单来讲，SOA可以将网络应用作为不同的服务组合起来，各服务间相对独立，既不依赖于实现技术与接口，也不依附于其他服务，服务之间又可以通过统一、通用的方式进行交互。SOA的目标是解决网络集成中异构和海量动态数据两大难题。SOA是一个与语言和平台无关的架构，具有强大的平台间相互操作的能力。

SOA在设计时基本分为两个模型：分层模型（图1.2.1）和协作模型（图1.2.2）。

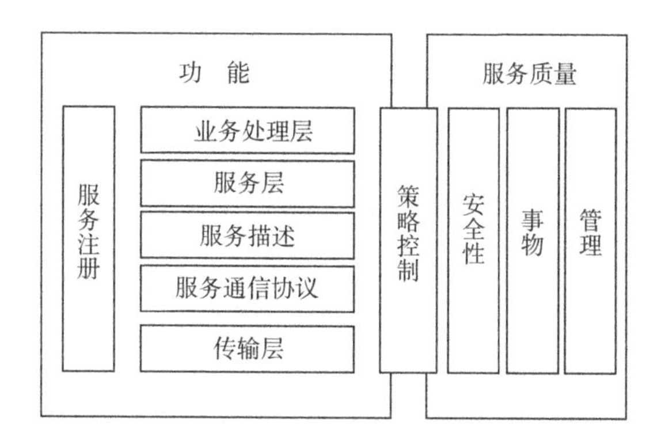

图 1.2.1　SOA 的分层模型

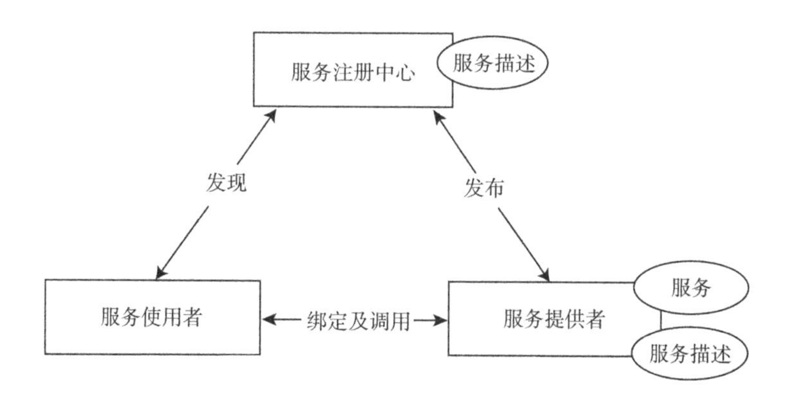

图 1.2.2　SOA 的协作模型

图 1.2.1 中左边部分代表了 SOA 的功能结构，具有 5 层协议，每层协议向上层协议提供服务。在功能方面 SOA 还提供“服务注册”。服务质量方面则为整个 SOA 系统提供辅助性功能，其中包括 4 项控制管理机制。

图 1.2.2 中包含三个角色：服务使用者、服务提供者和服务注册中心。服务使用者执行动态服务定位，方法是通过服务注册中心来查找与其标准匹配的服务。如果服务存在，注册中心就给使用者提供接口契约和服务的端点地址。

地学科学是一门跨度很大的学科，包括了生态学、气候学、地貌学、遥感等，每一种学科都有许多的数据模型、格式与协议可供选择。在收集到所需的数据集后，研究人员又会将相当多的时间浪费在一些重复的、耗时的操作上来整合这些不同的数据集(格式化、重采样、数据转换、插值等),而不是进行真的科学分析与决策制定。Hey 和 Trefethen 提出使用网络基础设施来满足多学科合作研究的需求,网络基础设施可以让研究团队通过高速网络共享分布式数据资源(如数据集、处理能力等)。其他研究者提出以网络基础设施和分布式基础设施来应对操作性和一体化等问题,不同学科都为提供这些服务而做出过努力,例如地学科学网络(GEON)项目专注于整合地学研究,还为此发展了一套网络基础设施。

最近的研究大多是由 SOA 的出现驱动的。在 SOA 中,服务起到了关键作用,并成为基本的计算单元,以支持更大更复杂的服务的组成与发展。SOA 从本质上引入了新的方法来构建分布式应用,服务可以被发现、汇总、发布、重用并在接口层次上调用,部署每个服务的特定技术方法可以是相互独立的。Granell 等提出了一个基于服务架构的应用,还有如何在模块化、重用性和效率之间进行取舍的服务设计原则,目的是找到服务的最佳粒度。这些服务可以共享、集成,最重要的是可以被重用,来组建定制的分布式的网络应用程序。这一应用使得用户一方面可以发现数据和服务,另一方面可以访问及调用,或者查看并修改服务来编写和运行水文模型,从而节省了时间、金钱与精力,更好地用以支持与环境相关的决策的制定。

另一个典型的 SOA 架构应用是欧盟指导下的 INSPIRE 项目。INSPIRE 的技术架构是一个分层结构,元数据、空间数据和网络服务都被包含在各层中,具体分为表现层(应用程序和地理门户网站)、服务层和数据资源层,如图 1.2.3 所示。客户端应用程序通过中间层的服务来访问存储在库中的地理数据。从概念上来讲,空间数据基础设施(SDI)是基于 SOA 的分布式地理信息系统的最佳应用,其中标准化的接口是使地理空间服务能够在可互相操作的响应方式下进行相互沟通的关键,这也是用户真正的需求所在。在 INSPIRE 中,服务是依据功能划分的,即服务是做什么的,来囊括所有需要的地理空间或类似地理信息系统的功能,每一组都被称为一种服务类型。由于服务是 INSPIRE 的关键,服务层也就成为了架构中的核心。图 1.2.3 中包含的服务类型有注册服务、发现服务、查看服务、下载服务、转换服务和调用服务。转换服务和调用服务的功能受到了格式和坐标变换的限制,因而需要对服务链等方面进一步探讨和达成共识。

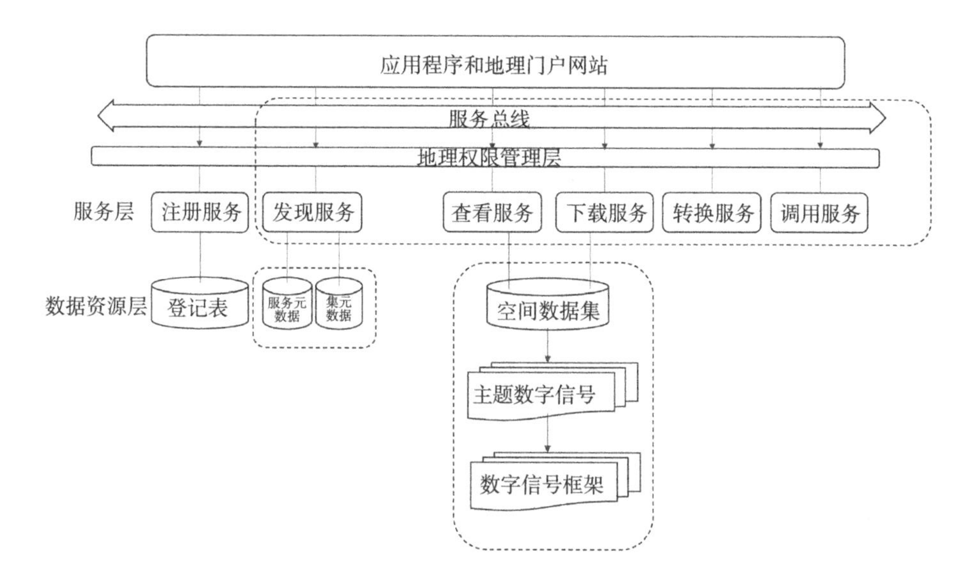

图 1.2.3 INSPIRE 的技术架构

1.2.2.2 基于网络服务的模型集成

万维网联盟(W3C)对网络服务(Web Services)的定义如下:“Web Services 是一种被 URI 识别的软件应用,它的接口和绑定能被定义、描述和发现为 XML 支持的资源,Web Services 支持使用通过因特网协议交换的基于 XML 的消息与其他软件代理直接交互”。

SOA 中的应用是由服务使用者通过接口访问服务形成的。潜在的使用者可以发现由服务提供者发布的该类接口并通过网络来进行调用,这种设计思想同网络服务的具体实现技术基本类似,因此,使用 Web Services 来实现 SOA 具有天然的优势。近年来,Web Services 技术由于具有平台和语言的无关性,得到了广泛应用,无论是在技术研究还是在工业界都赢得了广泛关注,SOA 的兴盛在很大程度上归功于 Web Services 标准的成熟和应用的普及。Web Services 技术为实现服务架构提供了基础,是目前被认为最适合实现 SOA 的技术。

部署基于 SOA 的服务必须使用具体的语言和协议。由于 Web Services 技术正在成为越来越多的基于 SOA 应用的部署方式,其重要性也日益凸显。根据定义,

Web Services 是松耦合的独立单元，并且要被很好的描述（包含功能特性的接口说明），从而促进了 SOA 目标之一的实现：使互操作性或服务与其他服务底层结构的交互能力的实现变得简单。互操作性是通过使用标准接口来实现（或优化）的。Web Services 技术包括多种标准，例如网络服务描述语言（WSDL）用来描述服务接口，通用描述、发现和整合注册中心（UDDI）来实现服务的注册、告知和探索，还有简单对象访问协议（SOAP）应用于服务间的交流。

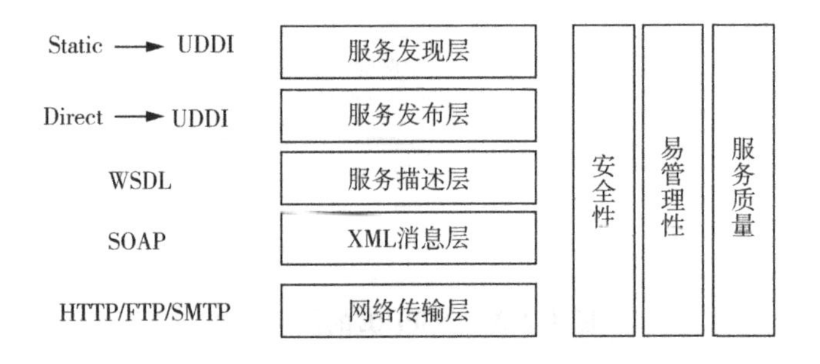

图 1.2.4　Web Services 协议栈

图 1.2.4 表示的是 Web Services 技术实现时的协议栈，其中的上层功能必须依靠下层功能的支持。可以看出这一分层结构可以与图 1.2.1 中 SOA 设计的分层模型一一对应，直观地显示了 Web Services 技术搭建 SOA 的高度适用性。

Web Services 技术在地学科学领域受到了越来越多的重视。它被当作下一代环境模型的基础，可实现与传感器网络的数据通信，当数据分布在多台机器上时可建立虚拟数据库，尤其是在生物信息学领域被广泛应用于共享基因组数据。

Goodall 等将获取 USGS 的 NWIS 数据的传统编程方法封装成 Web Services，并且将两种方法的效率做了对比，分析了可能原因，提出现在的 Web Services 是针对单个数据源的，以后要扩展到多源数据，还分析了效率较低的真正原因及解决办法。政府与研究机构提供了大量的数据，包括实地观测数据、地理空间数据集、遥感数据、模型输出数据等。虽然在研究中这些数据是可用的，但是寻找、获取、集成异源数据比较耗费时间，所以并未得到充分利用。Web Services 技术提供的标准交互协议可以使数据的共享更加方便。这些服务作为 NWIS 数据库和分析系统的中间抽象层,使后者能够进行及时的数据存取。为了使异源数据能够交互,将这些服务设计为通用,也可用于其他水文数据库。性能测试表明,对于小于1 000个观测值的时间序列,Web Services层在数据反应时间上增加的负担很小,而且研究者开发的一个时间序列可视化的客户端,也印证了使用 Web Services 技术进行数据存取的优缺点。

研究人员花费了很多时间和精力在基本的数据收集和转换上,而不是科学分析和决策制定上。一个比较好的解决办法就是创建标准的交互协议来取代现在的多网页。而当特定研究需要从不同机构获取数据时,这一问题就更加突出了,因此,不同学科间的交互较为低效,这一点要通过逐步构建信息基础设施来解决。鉴于数据量的与日俱增,以及访问和集成异源数据所需时间的增加,使用 Web Services 技术对水文科学而言是很有必要的。如果利用 Web Services 实现水文时间序列数据的标准接口共享,将会大大提高水文数据的互操作性和便利性,并且使科学家使用这些数据变得更加容易。

在地理空间的研究和应用中,需要有效利用大量的地理空间数据。研究者利用新兴的以 SOAP 为基础的 Web Services 技术,使用现存的地理软件模块或算法,开发了许多标准兼容、可相互链接的 Web Services,遵循 OGC 和 W3C 标准,并展示了如何将其结合工作流,利用权限和集群部署来解决多用户访问和速度问题。利用模块化的设计,将常用的 GIS 空间分析工具带到网络上,使得地理科学算法和数据得到更广泛的应用。快速发展的网络技术引发了数据和信息爆炸,需要耗费巨额资金来收集、处理、管理和发布地理数据。数据处理是其中最主要的问题,最大的难点在于如何使得每个人都能理解和使用地理数据。Web Services 技术提供的使用标准包括 XML、SOAP、WSDL、UDDI、OGC WXS 等,研究侧重点在于复杂度与粒度的平衡,主题思想是追求重用性、松耦合与便利性。Web Services 的部署有两种方法:由上至下或由下至上。部署 Web Services 时要注意发布什么操作、如何管理临时文件、分布式环境中达到最佳效率、安全性等问题。部署地理信息的 Web Services 能够促进地理科学研究,将地理算法与模型带入网络,扩展并简化了它们的应用;利用地理信息的 Web Services 让用户可以更广泛方便地使用地理数据;这些相关技术可以应用到其他研究领域。未来，研究者们对 Web Services 关注的方向会集中在管理程序更新、网络负载平衡监控，尤其是高性能分布式计算等方面。

1.2.2.3 基于网络处理服务(OGC WPS)模型集成

开源地理协会(OGC)是制定标准规范来实现许多不同消息格式和不同通信机制的地理信息处理软件间的资源共享与处理功能互操作的国际组织，其工作主要致力于空间信息方面各种标准的制定。OGC 已经提出了一些成熟的被广泛应用的标准，如网络地图服务(WMS)，规范定义了 Web 客户端从网络地图服务器获取地图的接口标准；网络栅格服务(WCS)，规范支持地理空间数据的网络交换，用于交换的数据是包含地理位置或属性的图层；网络要素服务(WFS)，主要对 OpenGIS 简单要素的数据编辑操作进行规范，从而使服务器端和客户端能够在要素层面进行通信。

Web Processing Service(WPS)是 OGC 针对日益增加的网络空间数据处理需求，提出的一项网络服务标准。有别于 OGC 之前制定的实现网络地图绘制、访问和查询的 WMS、WCS 和 WFS 规范，其最大特点在于可以通过网络为客户端提供一系列 GIS 操作的服务调用接口，允许客户端基于 XML\GML 通信编码方式在网络上执行程序，从而实现从简单空间分析到复杂全球气候变化模型计算的多种功能。

WPS 定义了三个标准接口：GetCapabilities、DescribeProcess、Execute，用于客户端对服务的查询、查看和调用。图 1.2.5 是 WPS 标准的接口 UML 图，表明 WPS 接口类方法 GetCapabilities 继承自 OGC Web Services 接口类，在此基础上增加了 DescribeProcess 和 Execute 方法。其中 GetCapabilities 用于客户端请求和接收服务的元数据文档，该 XML 格式文档列举服务器上的所有服务，描述各服务所实现的功能；DescribeProcess 用于客户端向服务器请求并获得某个指定处理服务的详细信息，包含服务的输入输出接口以及数据格式等，用户通过该文档可了解调用该服务的输入参数和输出参数；Execute 用于客户端执行由 WPS 实现的指定处理操作，该接口接收用户提供的输入参数并且返回处理结果。

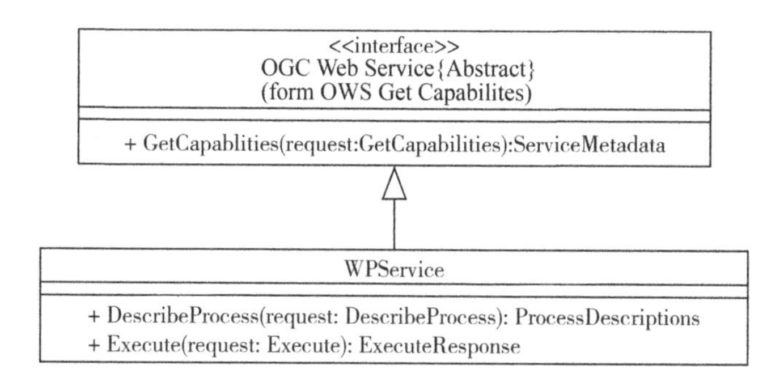

图 1.2.5 WPS 接口的 UML 图

WPS 标准允许用两种方式提供输入数据:数据可以直接嵌在 Execute 请求中,该情况下,WPS 扮演独立的服务提供者角色;数据也可作为可获取的网络资源引入,此时 WPS 成为中间层服务,从其他资源处获取数据来执行本地部署的处理程序。正由于 WPS 标准具有该特性,因此可用来整合分布式数据资源(如 WMS、WCS 和 WFS)。同时,WPS 标准继承了 Web Services 的特性,支持多个服务的组合与编排,或与其他应用(如 GIS 软件和科学工作流)结合,从而较易实现模型的耦合、比较验证和整合。

WPS 标准被提出后在多个领域都得到了试验和应用。如今,许多以开源技术发展的 GIS 项目都促进着 WPS 概念的应用和发展。Geo Processing Workflow (GPW)正致力于在其工作流中使用 WPS 标准,并向 OGC 提供建议,以便在 OGC Web Services(OWS—4 项目)中部署 WPS。北纬 52°开源联盟的 WPS 项目部署是用 Java 语言编写的,涵盖了目前 WPS 标准的所有方面。Deegree 的 WPS 项目也使用 Java 框架开发,提供收集任意程序要素的主要组成部分。在 WPS 出现之前,ESRI 公司在 ArcGIS Server 9.2 中引入了 Geoprocessing Server 协议,但与 WPS 标准不同的是,这一协议不与其他非 ESRI 产品兼容。

Meng 等使用北纬 52°的 WPS 框架演示了三种方法来链接地理空间服务,并通过一个进行地震灾害评估的原型在线系统来说明。一个 WPS 程序通常会执行一个特定的地理信息服务,WPS 程序的链接有利于建立可重用的工作流。目前有三种方法将现有的地理信息服务(例如 WMS、WCS 和 WFS,以及 WPS 本身)纳入服务链;使用 BPEL 来编排包含一个或多个 WPS 程序的服务链;使用 WPS 接口来设计一个包括其他服务的 Web Services 序列;通过 WPS 的 GET 操作创建简单的级联服务链。通过 WPS 实现的地理信息服务链,可以根据用户需求来组合数据源和数据处理过程,在数据提供者和数据使用者之间架起了桥梁。

Feng 等利用分布式地理信息系统和开源地理空间标准开发了一套应用平台来公开共享和访问地理信息计算模型,让共享的计算模型与 OGC WPS 标准兼容,以确保建模者可以有一个高效的、简单的方法来发布新的模型。OGC 和 ISO 标准可以解决需要共享和整合的分布式生态系统模型中的互操作性问题,这些标准使得在网络上公开共享跨学科的地理空间模型变成可能,满足了使用数据和模型共享模式来模拟不同生态系统服务的需求。此平台是依据面向服务架构搭建的,用于共享和整合生态系统模型,注重于如何构建模型服务接口及平台搭建方式,以帮助建模者发布他们的模型。与传统的拷贝模型副本的共享方式相比,它把模型作为模型服务来共享,使得世界各地的用户都可以访问到模型,从而极大地扩展了他们的应用程序。通过遵循通用的开源标准(W3C、OGC 和 ISO 等),数据和模型服务的使用可以无视硬件、软件和服务部署方式的不同,开源标准有助于减少使用封闭标准(如商业私有标准)时可能会遇到的互操作的问题。架构中所使用的大部分开源标准都是基于 XML 的(如 GML、WPS),尽管跟二进制标准相比更容易解析和理解,但这往往会增加网络传输数据,当调用大量的数据传输时就会明显降低性能。标准实现的性能问题需要进一步研究探讨,并提出可能的优化程序。由于面向服务的概念也是其他分布式计算(例如集群计算、网格计算、云计算)的基本架构,数据和模型服务结合高性能计算的潜力很大。

1.2.3 平台业务化应用

国外在流域水环境决策支持系统方面的研究开展较早,建成了成功的决策支持系统,形成了较强的决策支持能力,为我国提供了很好的借鉴。

美国国家环境保护局从 1989 年起用 ARE/INFO 进行了大量科学研究和应用,范围覆盖环境影响评价、地下水保护、点源和面源污染分析、酸沉降分析、危险废物泄漏紧急响应等。美国犹他大学的一个科研小组利用GIS技术对墨西哥与美国接壤地区进行了环境影响评价，建立了地表水和地下水污染路径模型，并用GIS的空间分析能力(如缓冲区分析)对该地区经济发展造成的环境影响进行了分析。由美国加利福尼亚大学、海军研究院、茫特雷湾水科学研究所共同研究开发的REINAS，则是根据本国的实际需要开发出的区域性海洋环境与资源立体、动态监测和信息服务系统。对美国每一条河流而言，流域内资源的管理是相对独立的系统，现已建立了完善的水情水质自动测报网络系统、防洪自动预警系统及实时监测系统。其数据的主要采集手段是RS和GPS，而后使用功能强大的GIS对数据进行分析与处理。新技术的应用大大提高了数据采集的速度和预报预警时效。例如：田纳西河流域管理局建立了TERRA决策支持系统，当预报洪水到达相应水位时，可在5 min内发布流域洪水预警。

目前欧洲发达国家的河流监测的自动化、半自动化监测网络也基本完善，其监测网络主要由国家或区段固定观测站、地面雷达网、遥感卫星等组成，主要包括：水质监测网，水文、气象监测网，大地测量站网，遥感和航测及其他监测站网。对水文、气象站点数据的采集主要采用水位自动记录仪、超声波、雨量自动记录仪、温度自动记录仪等自动化仪器，水文(含水质)、气象数据的采集基本上实现了由手工作业向自动化测量的过渡。监测项目包括：水质监测，水文、气象监测，地形地貌监测，数据传输及储存等。监测内容和方法等均利用了信息技术。

加拿大也在20世纪80年代开始环境信息系统的研究，其中由加拿大的Envista公司开发的一个环境信息系统主要用来监管安大略湖沿岸矿产企业所产生的污染对沿岸环境可能产生的影响及周边环境的变化等，该信息系统有助于各区域的环境例行监测计划的设立及环境管理及规划构建，减少环境监测的重复及资源的浪费，同时系统所提供的环境保护条例及规定共享制度也有助于相邻区域间产生的环境问题的快速协调。

我国环境信息系统总体上在环境数据的阐释、服务于环境管理决策以及公众知情权等方面，与发达国家相比还存在一定差距。但近年来随着国家对环保工作的重视，特别是自“十五”期间，我国确定了“以信息化带动工业化”的发展战略后，国家生态环境部加大了环境信息化建设的力度，努力推动环境监测、污染控制、生态保护的信息化、科学化和规范化，环境信息系统建设取得明显成效。“十一五”“十二五”期间，水专项多个课题在不同流域探索研究了水质目标管理技术集成系统平台的构建工作。十大重点流域针对各自的水环境特点，研发集成了包括水质评价、风险评估、预警应急、总量测算、信息共享服务等的水环境综合管理平台，如辽河流域水环境综合管理智能化平台、太湖流域环境与生态综合管理平台、太湖流域跨界水环境综合管理平台、滇池流域水环境综合管理平台等。综合管理平台可以服务于水环境管理职能部门，在水质监测站点管理、污染源日常监测、总量控制、应急预警等方面实现业务工作自动化，为国家水环境管理提供了新的管理手段，促进了管理能力的提高。

第2章 平台构建技术简介

2.1 流域水环境大数据平台建设关键问题分析

流域水体污染具有流域整体化和跨界协同性的特点，流域水质目标管理需要上下游统筹考虑，由以行政区域为主向“分区、分类、分级、分期”流域综合管理模式发展。这就要求业务系统打破行政界限和系统环境界限，建立统一、协同的平台，利用技术手段使采用不同硬件、软件、网络环境的系统集成整合成为统一协同运转的平台，为实现跨越行政界限的协同管理提供技术支持。已形成的流域水环境平台中，存在数据分散多源，信息互通共享不足，模型相对独立、缺乏耦合，平台系统运行环境不一，数据信息表达呈现方式不够丰富，辅助决策功能较为单一薄弱等共性问题。

这需要流域水环境管理信息化建设在相关技术上取得进一步突破。通过推进生态环境大数据建设，促进水环境信息数据融合，加强流域环境数据资源的开发与应用；通过对流域水环境数据挖掘、精细化分析和实时可视化表达，增强水环境质量趋势分析和研判能力；建立区域/流域全景式水环境形势研判模式，实现水污染源、水环境质量、环境承载力及环境风险等数据的关联分析和综合研判，强化流域经济社会、基础地理、气象水文和互联网等数据资源融合利用和信息服务，集成跨部门、跨区域的数据资源，支撑流域水污染防治行动计划的实施和工作会商，定量化、可视化评估实施成效；全力支撑“以流域为管理单元”的流域环境管理与创新，提高水质目标管理技术体系的专业化、精细化和数字化，增强管理决策的预见性、针对性和时效性。

2.2 平台建设关键技术基本原理

面向水质目标管理领域业务应用，通过多元数据融合手段和多级时空网格体系的网格时空大数据技术，实现流域水质目标管理多元海量数据的融合与整理；以新兴的三维可视化技术作为应用支撑，实现对流域水环境地物实体多元数据、模型评估、决策信息等的三维可视化表达仿真；基于流域水质目标管理领域的核心资产库、应用支撑平台和标准规范体系，确立以水质目标管理业务流和数据流为中心的流域水质管理领域业务化平台开发框架。以上是基于多元数据融合与实时在线三维可视化的流域水质目标管理云平台构建技术的基本原理。

2.3 平台建设主要流程

流域水环境大数据平台建设主要流程为“多元数据融合—实时在线三维可视化—业务化云平台框架构建”，具体如下。

2.3.1 多元数据融合

基于多级时空网格体系的网格时空大数据技术，具有标准化的数据格式，适用于业务流程的数据封装粒度，可整合多来源数据信息，提出数据汇集、整合、处理标准化范式，建立结构化及非结构化数据存储模式，通过抽取、清洗、规范、除重、重构等操作，连接不同领域数据，挖掘数据内涵，完成流域水质目标管理多元海量数据的融合与整理，实现对流域各类基础地理数据、水环境数据、模型数据等的统一、规范化的管理。

2.3.2 实时在线三维可视化

基于新兴地理信息系统 EV-Globe WebGL 的三维可视化环境，研发实时在线三维可视化引擎，实现对流域水环境地物实体多元多级数据、模型评估决策信息等的三维可视化仿真表达和完整、有序、直观表征。以流域高分辨率、大面积连续覆盖、时相一致性好的遥感、航空影像为基准，对水环境各类专题数据进行校准、核定，获得地物对应、空间定位精准的高精度数据。在此基础上，针对流域水体、水环境、水文/水质监测站、各类污染源、保护区、饮用水源地等各类环境数据以及各类评估、决策支持模型的分析结果进行三维可视化表达仿真，满足水质目标精细化管理的空间管控要求。

2.3.3　业务化云平台框架构建

基于面向服务体系的信息系统集成技术，基于流域水质目标管理领域的核心资产库、应用支撑平台和标准规范体系，以水质目标管理的业务流和数据流为中心，确立面向业务应用的流域水质管理领域业务化平台开发框架，据此开展系统研发及业务化应用，平台构建技术主要流程如图 2.3.1 所示。

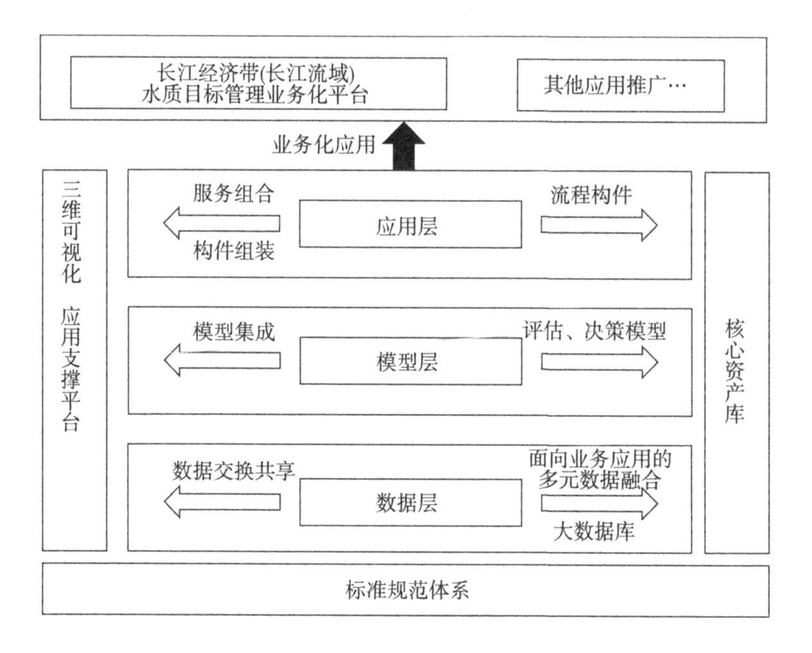

图 2.3.1　平台构建技术主要流程

第3章 平台构建技术流程

3.1 多源数据融合

借助多级时空网格体系的网格时空大数据技术，整合多来源数据信息，依据标准化规范对多种分辨率数据、多维数据和各种不同类型的数据进行汇集、整合、处理，建立结构化及非结构化数据存储模式，通过抽取、清洗、规范、除重、重构等操作，连接不同领域数据，挖掘数据内涵，对长江流域各类基础地理数据、水环境数据、污染源数据、模型数据等进行统一、规范化管理。

集成流域水质目标管理所涉及的遥感影像、高程、基础矢量、水系、土地覆盖利用等基础地理数据，将水功能区划、水生态环境功能区、集中式饮用水源地等水质基础数据，常规水质监测、排污监测、水雨情监测等监测数据，以及经济社会、科技成果、文献资源、模型方法等多元异构数据，按照统一的标准规范汇聚成库，实现跨系统、跨数据库、跨业务的数据汇集及交换共享，解决流域海量、异构的大数据存储与管理问题。

3.1.1 网格时空大数据技术的数据集成管理

针对流域水环境数据来源广泛、数据量大且结构异质的特征，采用网格时空大数据技术建立统一的数据中心，将流域多元水环境数据进行统一存储和管理，实现海量数据采集、清洗融合和数据处理。数据中心能够承载大流域范围的基础数据、海量地理数据、环境要素数据、复杂场景数据等的处理，保持流畅显示与稳定运转。

时空大数据包含时间、空间、专题属性，具有多源、海量、高速的特点，是大数据与时空属性的融合;它可以通过网格化管理的单元网格、关联数据、统计数据等的支撑,融入其他海量数据。在此基础上,可通过GIS拓展各类服务应用,运用数据技术和数据思维解决各类实际问题。

时空大数据包括位置轨迹数据、地图数据、遥感影像数据等多源数据,它给每一条信息都打上时间和空间的标签,有利于理顺数据之间的各种关系。利用好这些数据,能更好地满足相关服务和管理层面的需求。大数据的存储、挖掘和可视化,以及回归统计、预测模型、语义引擎、关联规则分析等技术方法,已经成为数据驱动治理背景下网格化管理必不可少的条件和手段,而这些都是传统技术难以实现的。

从时间维度来说,通过掘取源头、历史溯源、成因分析以及趋势判断等,对地理对象发生时空变化的事件采取溯清源头和精准定位等手段,对地理实体对象进行全方位、全过程和全生命周期的预测分析,参考时空关联的约束条件,建立事件态势分析模型,使相关管理行为的动态趋势,可被实时地观察、分析和预测。

从空间维度的数据共享层面来看,随着GIS技术的不断升级,相关领域业务数据等得以可视化地呈现在"一张图"上,这些数据要素与空间地理位置相关联后可为科学决策提供支撑依据。

3.1.1.1 大数据库存储

平台采用统一的时空大数据引擎整合不同来源数据,包括Web数据、文件型数据、一般关系数据库数据、分布式数据库数据等。通过空间数据引擎的不断扩展,使业界流行的空间信息存储平台尽可能地与本平台融合在一起,从而降低终端用户使用的复杂度,提高GIS综合应用的完整性与灵活性。

1) Web引擎

Web引擎由GIS服务器发布,支持影像、DEM、矢量瓦片及模型图层的发布。

Web引擎可以直接访问WFS、WMS、WCS等提供的Web服务,这类引擎就是把网络上符合OGC标准的Web服务器作为软件开发包工具(SDK)的数据源来处理,通过它可以把网络发布的地图和数据与SDK的地图和数据完全结合,拓展了空间数据引擎的应用领域,Web引擎为只读引擎,如图3.1.1所示。

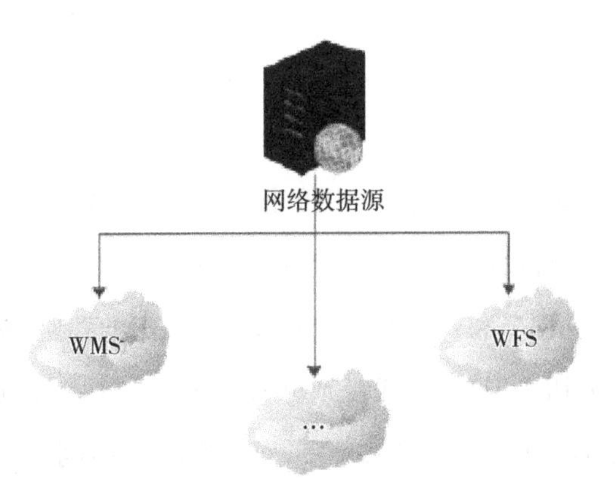

图 3.1.1 Web 引擎框架

2) 文件型引擎

文件型数据源支持 KML、TIFF、IMG 等数据格式。

文件引擎包含有三类:KML 数据、栅格数据、海图数据。

文件引擎支持标准的 KML 数据的解析、栅格数据的加载、大数据量的海图数据加载,如图 3.1.2 所示。

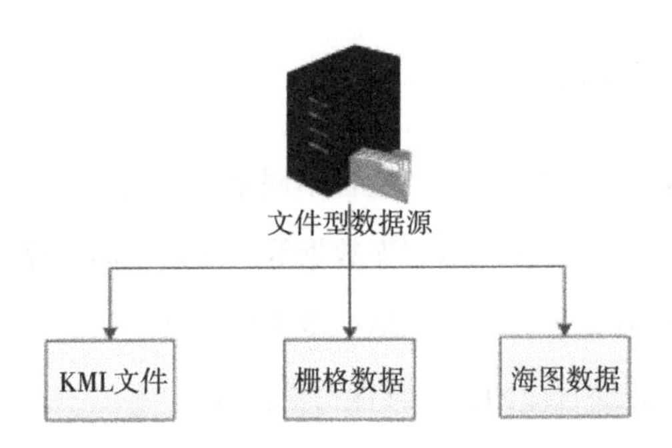

图 3.1.2 文件引擎框架

3) 关系数据库引擎

空间数据库数据源支持 SQLite、SQL Server、Oracle、PostGIS、DB2、人大金仓数据库驱动,支持开放式的业务数据管理。

空间数据库引擎由三个部分组成,分别为数据库管理系统层(DBMS 层)、数据库驱动层及空间数据统一访问接口层。DBMS 由各商业数据库厂商或开源数据库提供，数据库驱动层用来消除不同 DBMS 访问的差异性，空间数据统一访问接口层用来消除异构空间数据访问的差异性。二次开发用户一般只会通过空间数据统一访问接口层对空间数据进行访问，只有当用户需要扩展自己的空间数据时才需要编写自己的数据库驱动层。空间数据库引擎的结构体系如图 3.1.3 所示。

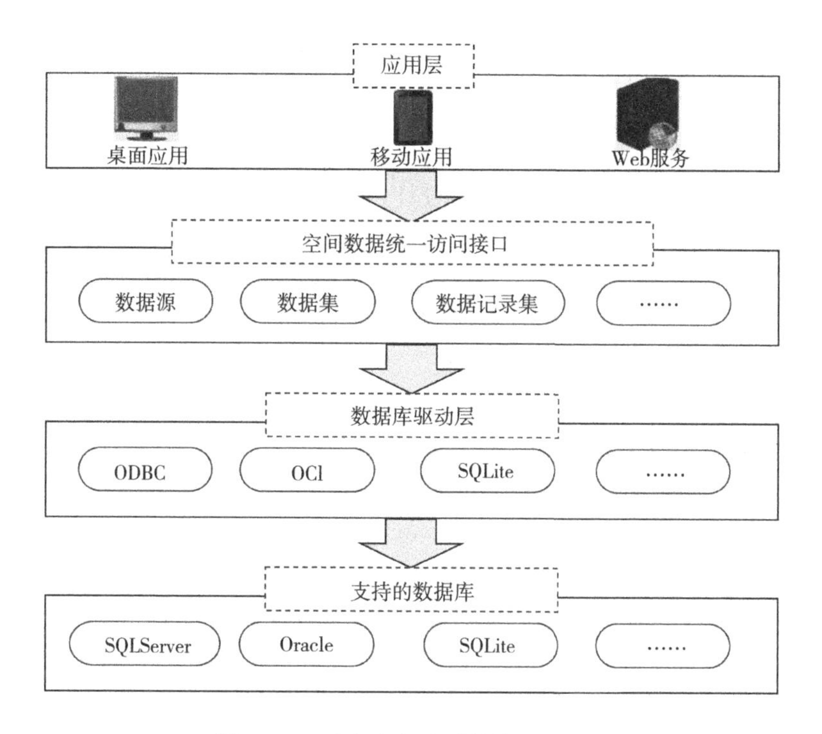

图 3.1.3　空间数据库引擎体系结构图

在数据存储方面，以数据库、数据导入、数据字典关联等方式对各种数据进行支持，并以数据总线的方式对数据进行发布。而这种多格式数据的强大支持能力，不仅提升了系统的兼容性，更为系统在长期应用过程中的功能及内容拓展打下了良好基础。

4）分布式数据库引擎

分布式空间数据库数据引擎支持 Hadoop 分布式文件系统、HBase 数据库、MongoDB 等。

（1）HDFS

HDFS即Hadoop分布式文件系统，是管理网络中跨多台计算机存储的文件系统，支持流式访问数据，使用集群资源来存储和管理数据，它将大的数据分割成许多小块，分别存放在集群的多台机器上，并自动为这些小块复制多个备份。通常用来存储TXT、CSV、GeoJSON、图片、视频等。

（2）HBase

HBase是一个分布式的、面向列的开源数据库，是Apache的Hadoop项目的子项目。HBase不同于一般的关系数据库，它是一个适合于非结构化数据存储的数据库。HBase为可伸缩海量数据储存而设计，实现面向在线业务的实时数据访问延迟。HBase的伸缩性主要依赖其可分裂的HRegion及可伸缩的分布式文件系统HDFS实现。可将栅格数据、矢量数据、GDB、Shapefile等空间数据存储到HBase中，其架构如图3.1.4所示。

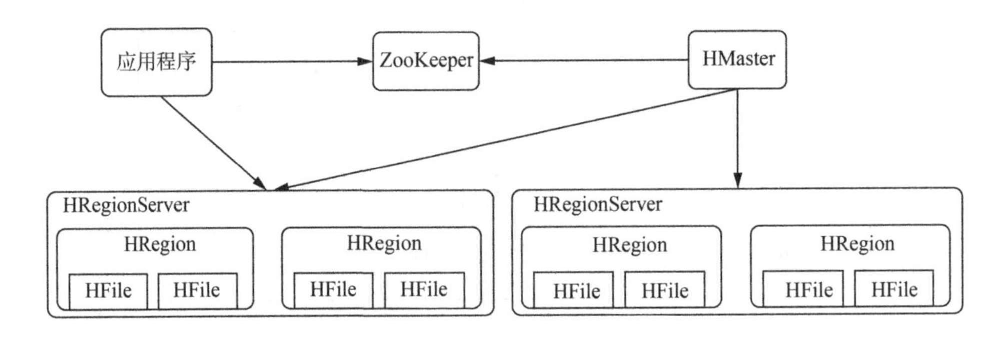

图3.1.4 HBase架构

在HBase中，数据以HRegion为单位进行管理，也就是说应用程序如果想要访问一个数据，必须先找到HRegion，然后将数据读写操作提交给HRegion，由HRegion完成存储层面的数据操作。

HRegionServer是物理服务器，每个HRegionServer上可以启动多个HRegion实例。当一个HRegion中写入的数据太多，达到配置的阈值时，一个HRegion会分裂成两个HRegion，并将HRegion在整个集群中进行迁移，以使HRegionServer的负载均衡。

每个 HRegion 中存储一段 Key 值区间[key1，key2）的数据，所有 HRegion 的信息，包括存储的 Key 值区间、所在 HRegionServer 地址、访问端口号等，都记录在 HMaster 服务器上。为了保证 HMaster 的高强度可用性，HBase 会启动多个 HMaster，并通过 ZooKeeper 选举出一个主服务器。

（3）MongoDB

MongoDB 是一个基于分布式文件存储的数据库，旨在为 WEB 应用提供可扩展的高性能数据存储解决方案。MongoDB 将数据存储为一个文档，数据结构由键值对组成。MongoDB 文档类似于 JSON 对象。字段值可以包含其他文档、数组及文档数组。MongoDB 非常适合于小文件存储，基于 MongoDB 进行栅格瓦片、矢量瓦片存储，实现海量影像、矢量数据的存储管理。

3.1.1.2　流域水环境数据集成方式

流域水环境数据一般包括基础矢量、遥感影像、高程等基础地理数据，水系、水利工程、土地覆盖利用、水功能区划、水生态环境功能区、集中式饮用水源地等水质基础数据，常规水质监测、排污监测、水雨情监测等监测数据，以及经济社会、科技成果、文献资源、模型方法等知识库数据。

对于各类流域基础地理数据，如栅格瓦片和矢量瓦片，可采用 MongoDB 进行数据存储。

水质监测、水文监测等结构化数据，如降雨量表、河道水情表和水库水情表、水质监测表等，适合存储于 Hbase 中；非结构化的各类报告、实景图片、音频和视频等数据（非结构化数据是指其字段长度可变，且每个字段的记录又可由可重复或不可重复的子字段构成的数据），可直接存储于 HDFS 中。一般的业务数据可直接采用普通关系型库数据进行在线业务处理。

3.1.2　数据汇集处理标准化

数据汇集处理标准化是指制定大数据标准，按照数据标准进行数据处理，使数据的分类、编码、属性等符合标准定义。多种分辨率数据、多维数据和各种不同类型的数据按照一定的规范和标准(大数据标准)进行数据交换与集成,形成标准化范式,并可进一步在数据质量管理体系下将大数据资产化,对数据资产进行发布共享。标准化框架如图 3.1.5 所示。

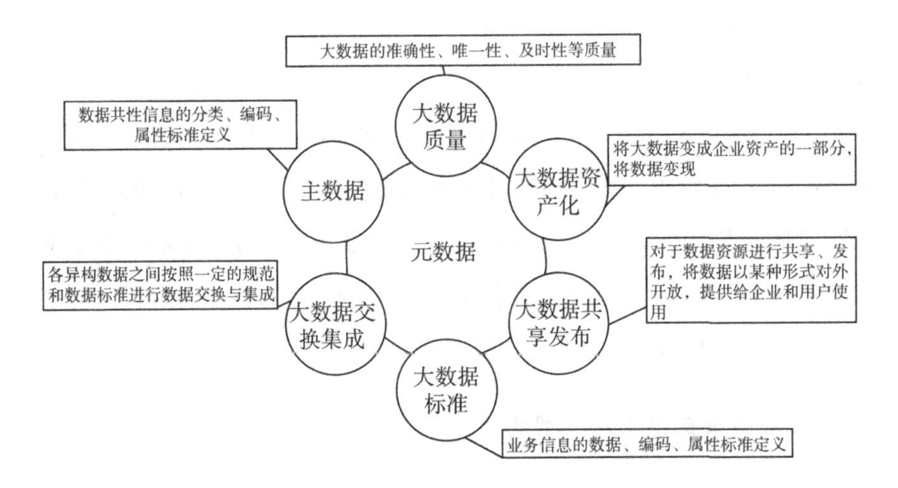

图 3.1.5　数据汇集处理标准化

3.1.3　数据采集融合

数据采集融合基于分布式架构设计,采用离线数据采集、实时数据采集、互联网数据采集接入各类物联网设备、模型及相关监测数据,通过开放的数据模型接口,实现对各类数据的灵活扩展接入,保证数据的实时同步。

3.1.3.1　离线数据采集

采用数据导入和输入方法实现离线数据采集,通过相应的采集和导入模块获取本地新数据。

3.1.3.2　实时数据采集

实时数据指常规水质监测、排污监测、水雨情监测等监测数据,通过连接实时采集系统获取数据。

3.1.3.3 互联网数据采集

互联网数据采集是指综合应用垂直搜索引擎技术中的网络蜘蛛、分词系统、任务与索引系统技术进行数据采集。

3.1.3.4 数据接口

数据接口是指将各种内外部采集到的数据导入到平台,并进行清洗后,分类存储到平台数据仓库内,同时提供对外输出接口,向外部提供数据服务。

3.1.3.5 数据融合

利用计算机对按时序获得的观测信息,在一定准则下通过自动分析、综合分析等信息处理技术,完成所需的决策制订和任务评估。

3.1.4 数据治理技术

数据治理技术主要用以实现信息资源标准管理、元数据管理、数据采集管控等,用以建设数据标准库与数据质量规则库,对多元数据提供统一的数据命名、数据定义、数据类型、赋值规则等定义基准。通过数据完整性校验、数据格式校验、数据标准校验、数据查重、关系校验等数据治理方法,将各类数据进行校验、过滤,采用智能化数据质量检查实现对多源异构数据的整理与质量控制。将有效数据推送到中心库,将问题数据推送到问题库,以保障信息资源的数据质量,提升信息资源的使用价值。

水环境业务数据治理包含“理”“采”“存”“管”“用”这五个步骤,即业务和数据资源梳理、数据采集清洗、数据库设计和存储、数据管理、数据使用,如图3.1.6所示。

数据资源梳理:数据治理首先是从业务的视角厘清组织的数据资源环境和数据资源清单,包含组织机构、业务事项、信息系统,以及以数据库、网页、文件和API接口形式存在的数据资源,本步骤的输出物为分门别类的数据资源清单。

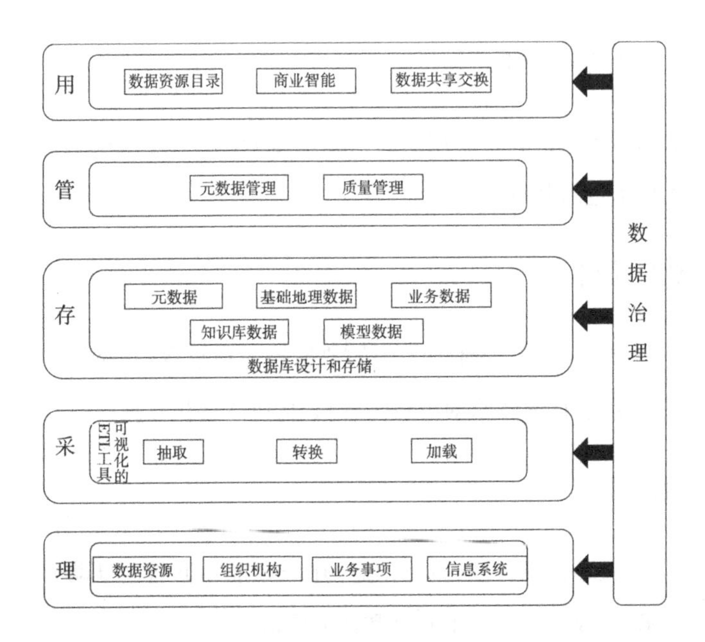

图 3.1.6 水环境业务数据治理

数据采集清洗：通过可视化的 ETL 工具（例如 DataX、Pentaho Data Integration 等）将数据从来源端经过抽取、转换、加载至目的端的过程，目的是将散落和零乱的数据集中存储起来。

数据库设计和存储：将数据分为元数据、基础地理数据、业务数据、知识库数据、模型库数据。数据库设计和存储是在对业务理解的基础上，基于易存储、易管理、易使用的原则抽象数据存储结构，按照一定的原则设计数据库结构，然后再根据数据资源清单设计数据采集清洗流程，将整洁干净的数据存储到数据库或数据仓库中。

数据管理：数据管理是对数据库中的数据项属性的管理，同时，将数据项的业务含义与数据项进行关联，便于水环境管理业务人员理解数据库中的数据字段含义。需要注意的是，元数据管理一般是对基础库和主题库中（即核心数据资产）的数据项属性的管理，而数据资源清单是对各项数据来源的数据项的管理。

数据资源目录：数据资源目录一般应用于数据共享的场景，数据资源目录是基于业务场景和行业规范而创建，同时依托于元数据和基础库主题而实现自动化的数据申请和使用。

质量管理:数据值的成功发掘必须依托于高质量的数据,唯有准确、完整、一致的数据才有使用价值。因此,需要从多维度来分析数据的质量,例如:偏移量、非空检查、值域检查、规范性检查、重复性检查、关联关系检查、离群值检查、波动检查等等。数据质量模型的设计在技术上使用大数据相关技术来保障检测性能和降低对业务系统的性能影响。

商业智能:数据治理的目的是使用,对于一个大型的数据仓库来说,数据使用的场景和需求是多变的,使用BI类的产品快速获取需要的数据,并分析形成报表。

数据共享交换:数据共享包括组织内部和组织之间的数据共享,共享方式也分为库表、文件和API接口三种。共享方式,库表共享比较直接粗暴,文件共享方式通过ETL工具做一个反向的数据交换实现。API接口共享方式,能够让中心数据仓库保留数据所有权,把数据使用权通过API接口的形式进行了转移。API接口共享可以使用API网关实现,常见的功能是自动化的接口生成、申请审核、限流、限并发、多用户隔离、调用统计、调用审计、黑白名单、调用监控、质量监控等。

3.1.5 数据挖掘分析

通过数据分类、聚类、关联分析、连接分析、深度学习等方式在流域范围内开展大数据分析,基于特定的数据挖掘算法,开展水质水文变化与水体利用情况等相关性分析、水体富营养化等水环境问题诊断。

3.1.5.1 特征数据时空变化分析

进行历年全流域内主要水体的水质类别变化分析,分析水质变化趋势。

系统支持通过肯达尔检验法,对水质变化趋势进行分析,判断趋势走向(显著下降、下降、基本不变、上升、显著上升)。

3.1.5.2 多元数据相关性分析

1）水质与污染源分布相关性分析

采用多元回归模型分析水质与污染源分布的关系，分析结果通过图表进行展示，通过判定系数来度量回归方程的拟合优度。该值越大，说明回归方程越有意义，自变量对因变量的解释度越高。

2）污染物排放与水质响应关系分析

采用 Spearman 秩相关系数法计算污染物排放与水质相关系数，利用两变量的秩次大小做线性相关分析，分析污染物排放与水质目标达标的关系。

3.1.5.3 水质预测

采用前馈神经网络模型，基于历史数据对各类水质监测指标进行预测。

前馈神经网络（FNN），是人工神经网络的一种。FNN 采用单向多层结构，其中每一层包含若干个神经元。在此种神经网络中，各神经元可以接收前一层神经元的信号，并产生信号输出到下一层，如图 3.1.7 所示。第 0 层叫输入层，最后一层叫输出层，其他中间层叫作隐藏层，隐藏层可以是一层，也可以是多层。

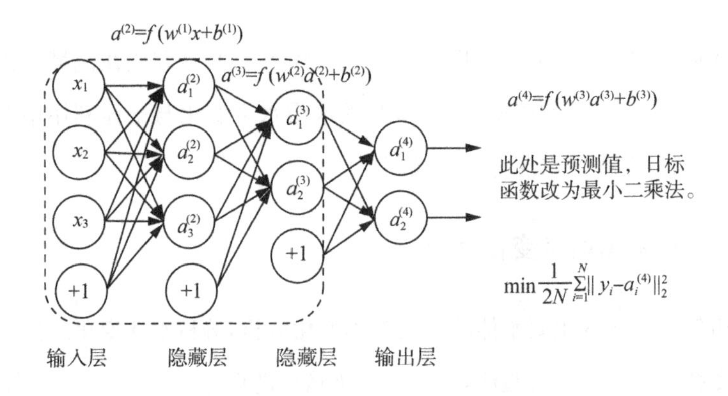

图 3.1.7 前馈神经网络结构

3.2 实时在线三维可视化

基于具有自主知识产权的新兴地理信息系统 EV-Globe WebGL 的三维可视化环境，研发适用于流域水环境海量多元数据的实时在线三维可视化引擎。

以流域高分辨率、大面积连续覆盖、时相一致性好的遥感、航空影像作为底图，以此为基准对水环境各类专题数据进行校准、核定，获得地物对应、空间定位精准的高精度数据。采用实时在线三维可视化技术，可对流域水环境地形、流域水体、水文站、水质监测站、各类污染源、保护区、饮用水源地等各类环境数据以及各类评估模拟模型的分析结果进行三维可视化仿真表达。

3.2.1 基于 WebGL 的实时在线三维可视化环境

WebGL 作为一种 3D 绘图技术标准，它通过统一的、标准的、跨平台的 OpenGL 接口实现，通过 OpenGL ES 2.0 的 JavaScript 绑定，可以为 HTML5 Canvas 提供硬件 3D 加速渲染，可借助系统显卡流畅显示三维场景，免除三维渲染对插件的依赖，提升用户访问体验。支持 3D、2D 形式的地图展示，可以自行绘制图形，显示高亮区域，并提供良好的触摸支持。可跨越操作系统、设备终端与浏览器种类的限制，能够适用于 Windows、Linux、Mac OS、iOS、Android 操作系统，可运行在 PC、平板及手机等设备终端，打开任何支持 WebGL 的浏览器，输入网址即可显示三维场景。能够快速构建无插件、跨浏览器、跨操作系统的三维 Web 应用。

该技术采用先进的 E3M 模型格式，采用顶点、纹理双重压缩，数据更小更有利于网络传输。支持部件 Instance 技术，支持 Mipmap 客户端动态合并，有效降低渲染批次，提高渲染效率；支持多级动态索引，大幅提高初次加载效率。

采用 WebGL 技术有以下优点：

① 开发轻量级，易扩展，提升开发效率；

② 提升用户访问体验，客户端无需下载和安装额外插件；

③ 该技术通过统一的 HTML5 3D 绘制，可以跨操作系统、跨设备、跨浏览器。

EV-GlobeWebGL 异构三维图形库统一渲染引擎对不同的底层图形库采用抽象工厂设计模式进行了统一抽象，应用层以统一的接口对底层图形库进行访问，无需关心底层实现，当底层图形库的版本发生变化时只需修改或重新添加相关的具体实现即可，对上层应用不会产生影响。

该技术实现了场景图与渲染对象的分离，第三方开发者可以编写自己的场景管理器来实现自己的场景图和场景对象调度而不必重写渲染对象，如图 3.2.1 所示。

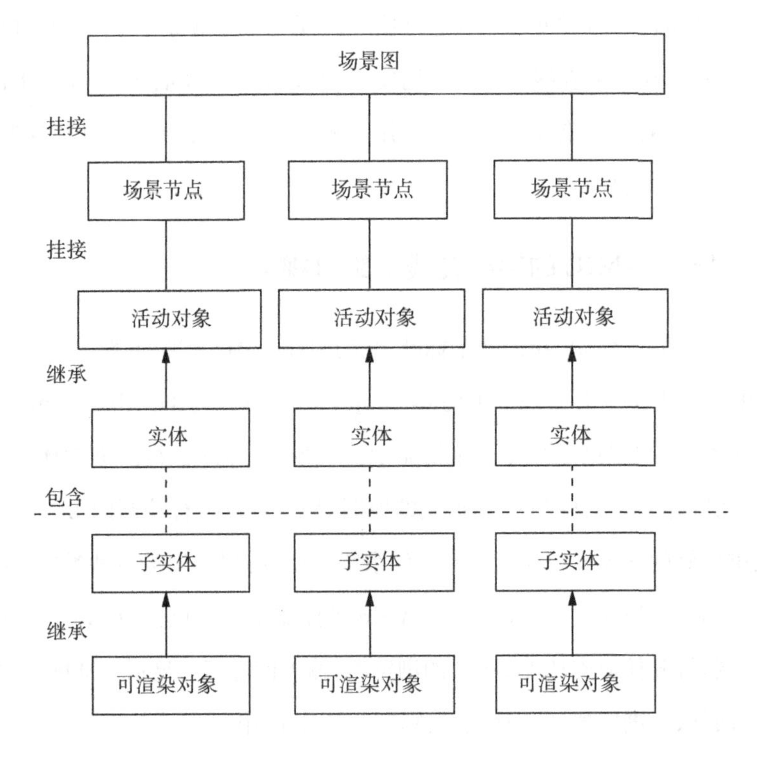

图 3.2.1 渲染场景结构图

该技术提供强大的材质脚本系统、粒子脚本系统以及后期合成器脚本系统，开发者可以通过脚本修改渲染场景效果而不必重新编译程序，平台会根据材质脚本自动进行渲染状态设置，二次开发者通常无需处理复杂的渲染操作。

作为面向三维仿真环境的 GIS 平台，提供了多种技术手段以提高三维环境的仿真渲染效率与渲染效果。

3.2.1.1　细节层次技术

细节层次(LOD)技术是指通过计算观察者与被观察对象之间的角度、距离、视角等相关观察要素，按观察的细致程度对仿真环境采用不同详细程度的渲染。利用LOD技术和影像金字塔技术，可以使系统实现不同层次下快速、高仿真度的三维场景表现。LOD应用实例如图3.2.2所示。

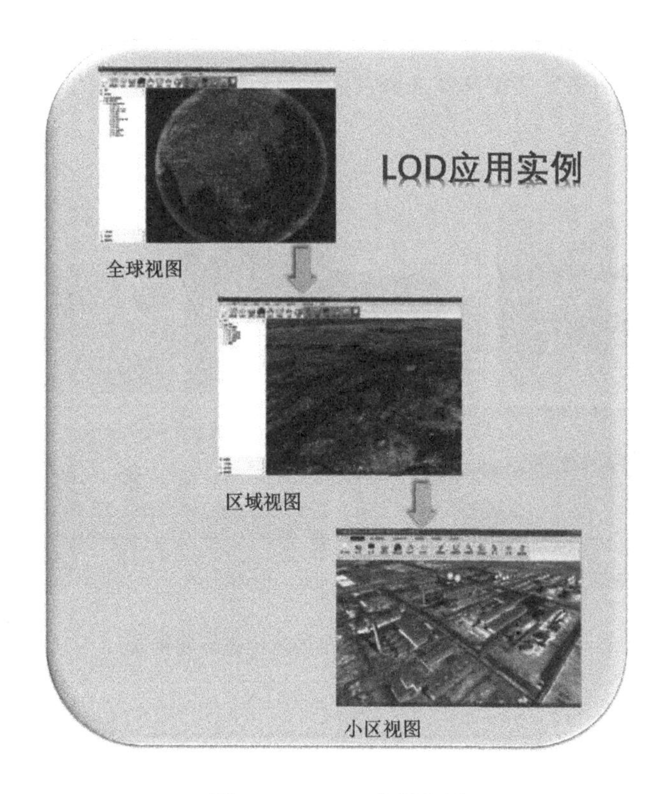

图3.2.2　LOD应用实例

3.2.1.2　环境特效技术

地形地貌、人工建筑仅仅是自然环境的一部分，我们生活的世界还包括大气、海洋以及各种天气状况，为了更加逼真地模拟自然环境，系统以特效渲染引擎为基础，提供了大量的特效模拟效果，以提高不同地理环境、不同天气状况、不同视角高度下的系统实时仿真效果。

EV-Globe Web 采用场景图与渲染对象相分离的技术构建场景，采用八叉树、硬件封闭查询、Instancing 等多种技术对场景进行效率优化，支持高分辨率的世界地理信息可视化；支持全局动态光景、阴影效果；支持多种类型的模型加载及动画；增强例子系统，支持多种例子特效合成新的复合特效；支持透明度、光照、纯色地形等；支持使用 WMS、TMS、OSM、Bind 以及 Esri 的标准绘制影像图层；支持使用 KML、GeoJSON 和 TopoJSON 绘制矢量数据；支持使用 COLLADA 和 glTF 绘制 3D 模型；支持倾斜摄影数据高效加载及展示。不同场景下的水生态环境特效如图 3.2.3 所示。

图 3.2.3　不同场景下的水生态环境特效

3.2.1.3　矢量渲染技术

系统对点、线、面、体、文字五大矢量要素都提供了专门的矢量渲染引擎，以提高矢量数据在三维环境下的渲染能力。

对于点要素，系统支持以三维点符号的模式对点要素进行绘制。而采用了三维符号的点要素，可以更加逼真、直观地表现点符号的意义。

对于线要素，系统不仅支持贴地、凌空绘制传统的实线、折线、点折线等线要素，更加拓展支持了态势箭头等三维线符号，以提高三维场景作为电子沙盘时对决策辅助的支持能力。

在绘制面要素时，系统能够支持完全贴合地形的半透明面要素渲染模式，以此提升多种数据叠合时透视分析的能力。

在绘制文字要素时，系统支持在三维环境下，以三维标注的形式绘制渲染文字对象，而立体化的文字对象则在三维浏览、检索过程中提供了快速、简捷的地名、地标定位能力。

在传统的二维 GIS 平台下，几乎无法表现矢量体对象，而在 EV-Globe WebGL 三维可视化环境中，能够支持对三维矢量体对象的绘制，这些体对象可以是基于地面的洪水淹没区域、土石填挖方区域，也可以是基于空域的航空管制、雷达搜索、航测扫描等区域，通过对象渲染引擎，EV-Globe WebGL 三维可视化环境实现了真正意义上的矢量数据对地球空间的表现功能。矢量渲染及大数据可视化实例如图 3.2.4 所示。

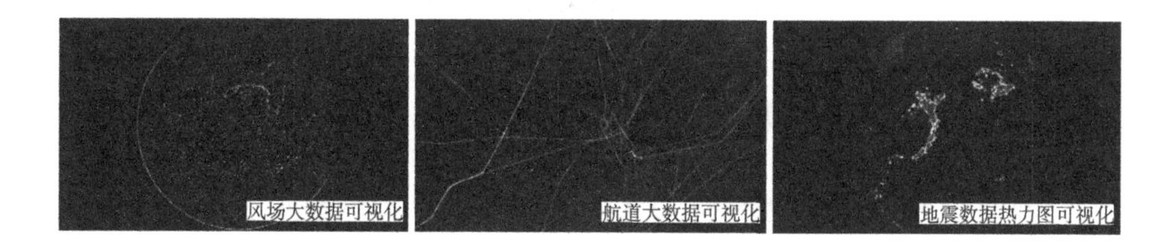

图 3.2.4　矢量渲染及大数据可视化实例

3.2.1.4　拓展对象渲染技术

随着计算机技术的发展和人们认识水平的提高，单纯的三维地形地貌仿真已经不能满足实用的需要。而作为新一代三维 GIS 平台，EV-Globe WebGL 三维可视化环境提供了包括对三维模型、照片、视频、属性标签等一系列拓展对象的渲染引擎，以此提高三维 GIS 系统的表现能力和实用性。拓展对象渲染实例如图 3.2.5 所示。

图 3.2.5 拓展对象渲染实例

3.2.2 水环境多元多级信息三维可视化

三维平台支持基础地理数据、OGC 标准数据、通用 GIS 数据、常见模型数据、BIM 模型数据的加载、展示与显隐控制。

基础地理数据包括高精度影像、DEM 数据、地名、道路、河流水系、行政区划、水质点等矢量数据。

通过对多源数据进行信息融合与集成，可实现三维场景对流域区域的地理环境的再现。

系统应能够实现海量多源影像的无缝集成及管理。系统中应包括专门用于存储海量遥感影像的影像服务器。在影像服务器中，通过瓦片金字塔技术对遥感影像进行结构优化，实现 TB 级影像数据的存储管理，而优化后的影像可以实现无缝镶嵌与快速浏览、发布。

而对于矢量数据，系统可采用地图查看分离的存储技术，以金字塔模式对显示用地图数据进行优化并存储，以关系数据库模式对查询用地图数据进行存储，优化存储后，系统可以实现对矢量数据的存储、管理能力的提升，并实现矢量数据与影像数据的无缝集成。

3.2.2.1 三维浏览

三维浏览是指系统对鼠标、键盘的常用功能操作进行预设，用户通过鼠标拖动、键盘操作可以方便地进行数字地球的全方位三维浏览。

3.2.2.2 三维漫游

三维漫游是指系统支持飞行路线、飞行参数设置以及飞行效果浏览，支持车、船、飞机等沿线飞行，提供第一人称、第三人称、跟随和自由四种飞行模式，飞行过程中可用鼠标或键盘进行交互控制。

3.2.2.3 三维空间量算

三维空间量算包括三维空间地物的点位坐标量算、地物间的距离量算、地物占地面积量算、地物高度量算等，地物量测单位在系统中所代表的内容与实际内容相符。

3.2.2.4 三维空间分析

三维空间分析包括断面分析、土方分析、通视分析等。

在三维可视化底层支持下，可以集成流域范围内 0.5～5 m 高分辨率遥感影像数据以及地图标注 POI 信息点，根据系统构架，在统一的数据标准下开展水环境信息的数字化处理，形成流域水系、地名、交通、居民地、水工建筑分布各类基础信息电子地图；在上述丰富地物信息环境支持下，进行监测断面、水文监测站点、事故发生地点、水功能区划、水源地保护区等综合管理业务专题数据点位及区划范围的基准校准、核定，加工制作得到精确定位、大比例尺的高精度矢量数据。为查询、定位、模型关键参数输入、结果输出、叠加分析等业务应用提供良好数据基础。相关可视化示例如图 3.2.6 和图 3.2.7 所示。

图 3.2.6　河流可视化示例

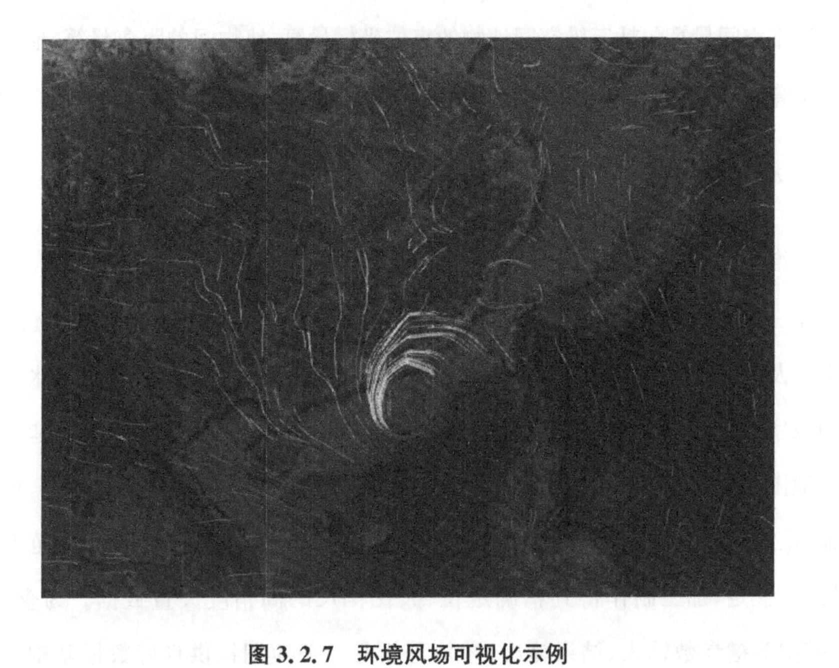

图 3.2.7　环境风场可视化示例

3.2.3 水环境模型评估决策信息三维可视化

基于三维可视化技术，集成各类水环境模型的评估及决策信息。

3.2.3.1 水质响应模拟

系统支持对不同污染物进行选择，确定不同污染物的水体质量浓度与流域负荷量之间的响应机制，实现流域主要河流流量，污染物浓度、通量和环境容量的时空变化过程动态显示。利用专题地图对计算结果进行展示，并结合时间轴实现模拟结果的动态展示，可按照不同污染物种类、不同区域、不同时间对模拟条件进行设置。污染物迁移动态模拟如图 3.2.8 所示。

图 3.2.8 污染物迁移动态模拟

3.2.3.2 通量模拟展示

基于流域河流主要控制断面污染物模拟及通量测算成果，展示不同水文年、不同设计情景下主要污染物浓度和通量的时空变化过程。根据通量核算的结果，按照时间变化，对敏感水体进行不同渲染，以在图上直观地表达日常水质变化，展示效果如图 3.2.9 所示。

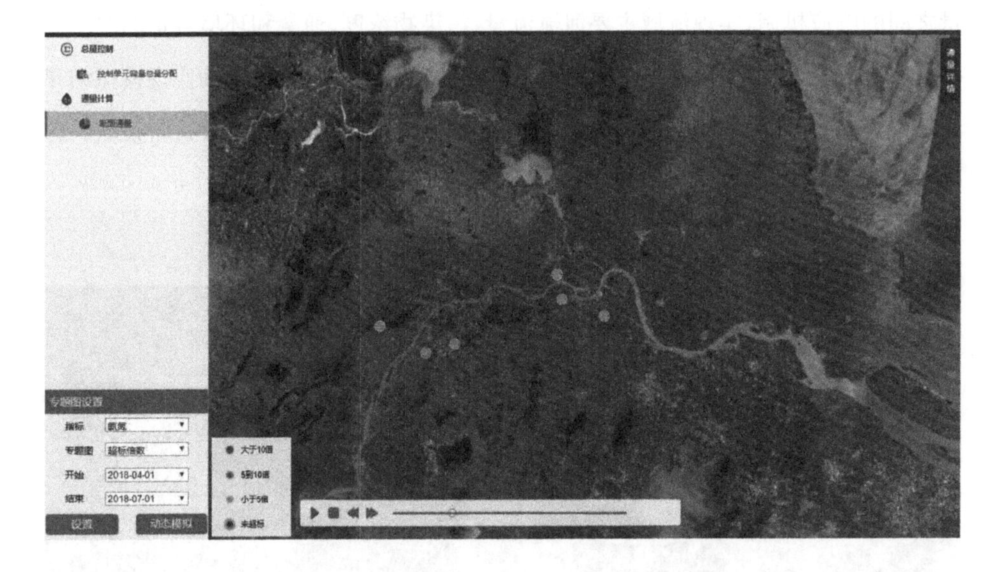

图 3.2.9　河流断面污染物通量时空展示

对于不同的流域区域，支持将通量结果进行汇总，分析各流域区域总的通量变化。

3.2.3.3 环境容量及达标展示

根据流域相关片区及重点城市污染物管控需求，展示不同水文年典型河段主要污染物的环境容量以及污染负荷情况，通过比较环境容量与污染负荷，计算不同情景下考核断面水质达标态势。环境容量模拟如图 3.2.10 所示。

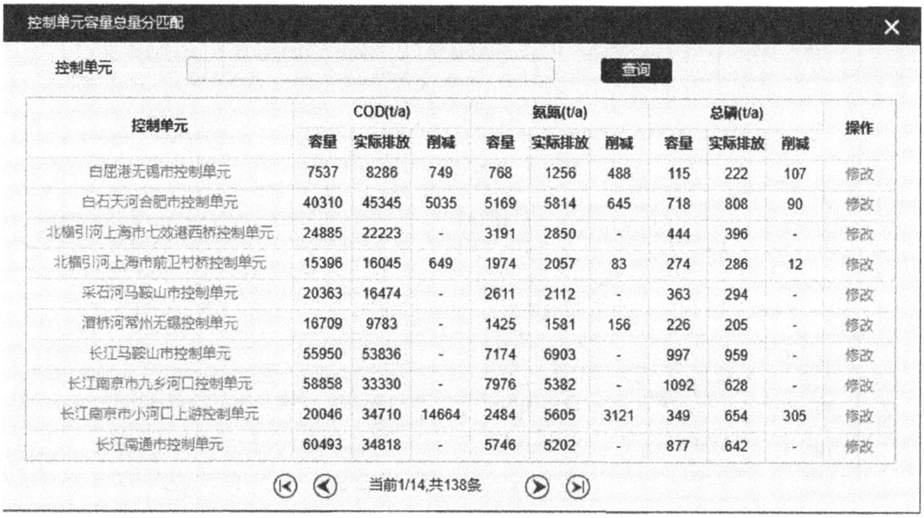

控制单元容量总量分匹配 ×

控制单元 [ ] 查询

控制单元	COD(t/a)			氨氮(t/a)			总磷(t/a)			操作
	容量	实际排放	削减	容量	实际排放	削减	容量	实际排放	削减	
白屈港无锡市控制单元	7537	8286	749	768	1256	488	115	222	107	修改
白石天河合肥市控制单元	40310	45345	5035	5169	5814	645	718	808	90	修改
北横引河上海市七效港西桥控制单元	24885	22223	-	3191	2850	-	444	396	-	修改
北横引河上海市前卫村桥控制单元	15396	16045	649	1974	2057	83	274	286	12	修改
采石河马鞍山市控制单元	20363	16474	-	2611	2112	-	363	294	-	修改
漕桥河常州无锡控制单元	16709	9783	-	1425	1581	156	226	205	-	修改
长江马鞍山市控制单元	55950	53836	-	7174	6903	-	997	959	-	修改
长江南京市九乡河口控制单元	58858	33330	-	7976	5382	-	1092	628	-	修改
长江南京市小河口上游控制单元	20046	34710	14664	2484	5605	3121	349	654	305	修改
长江南通市控制单元	60493	34818	-	5746	5202	-	877	642	-	修改

当前1/14,共138条

图3.2.10　环境容量模拟

3.3　业务化云平台构建框架

3.3.1　业务化平台构建实施的技术框架

水质目标业务化平台构建的总体思路为：在充分开展水质目标管理领域业务流程和功能、性能与安全等方面系统分析的基础上，采用领域工程方法，识别领域共性和个性，构建领域软件体系结构（DSSA）；进而形成基于核心资产库、应用支撑平台和标准规范体系的领域业务化平台开发框架，用于指导、支持业务化应用平台的开发与运行。

面向流域水质目标管理业务化平台构建实施的技术框架如图3.3.1所示。基于面向服务体系（SOA）的信息系统集成技术，结合实际需求定义构件模型，从流域水环境领域提取出通用构件和业务构件，将数据库、模型库集成到三维可视化的应用支撑平台上，实现水质目标管理业务化平台开发。

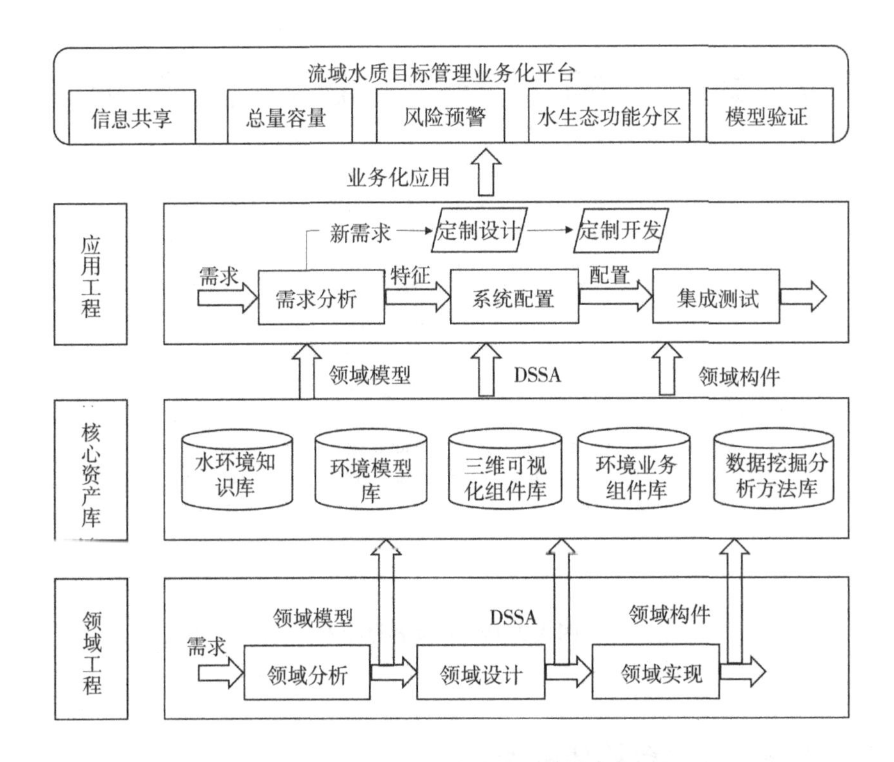

图 3.3.1 业务化平台构建实施技术框架

3.3.2 业务化云平台总体架构

依据流域水质目标管理平台的业务需求和建设思路，结合国内外成熟先进的大型面向互联网服务云平台的先进经验，形成了先进、可靠的“五横两纵”总体技术架构。“五横”，自底向上依次为基础设施层(Iaas)、云数据中心(Daas)、服务层(Paas)、应用层(Saas)、表现层，各层均通过统一的服务接口为上一层提供服务；“两纵”，分别为数据标准规范体系和信息安全保障体系，主要面向“五横”提供数据标准和安全保障。同时架构中设计了四个“统一”，为云平台框架服务，包含了设施、数据、服务资源的统一调度与管控、平台的统一搭建和门户网站的统一身份管理，不仅可实现对技术成果资源的有效整合，而且为系统提供了安全稳定运行保障，全面支撑了业务应用运行，并依托统一门户网站为用户提供“一站式”服务。业务化云平台架构如图 3.3.2 所示。

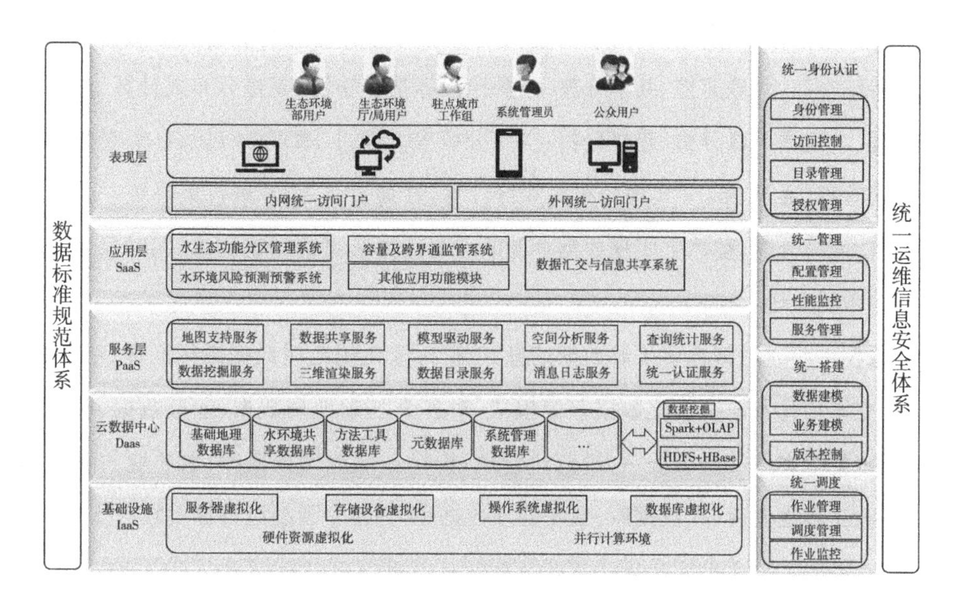

图 3.3.2　业务化云平台架构

平台采用面向服务的架构实现底层松耦合、前台紧耦合的系统模式，基础设施、云数据中心、服务层与应用层均以服务的形式提供给用户，提高了设施资源、数据资源、平台资源的共享、重用、集成和扩展性。

3.3.3　基础设施

基础设施(IaaS)充分利用流域管理及平台应用单位现有资源，结合远程云计算服务器，提供水质目标管理平台的软硬件运行支撑环境，具有通用性、虚拟化、高可扩展性、高可靠性、按需服务等优点，确保水质目标管理应用的存储、数据服务能力、网络环境、计算性能需求，以及业务稳定可靠，建成性能稳定的软硬件运行支撑环境，同时减少建设成本，降低管理难度。

该层通过并行计算环境提供海量大数据的存储与大规模运算，由服务器集群组成，可随平台的计算需求进行扩充。

3.3.4　云数据中心

云数据中心(DaaS)是一套大数据管理平台，是数据资源传输交换、存储管理和分析处理的平台，为水质目标大数据应用提供统一的数据支撑服务。主要用以实现数据传输交换、管理监控、共享开放、分析挖掘等基本功能，支撑分布式计算、流式数据处理、大数据关联分析、趋势分析、空间分析等。通过 HDFS＋HBase 实现数据的分布式管理，通过 Spark 实现分布式并行计算，并通过 YARN 进行集群统一的资源管理、调度与分配，整体上实现数据存储节点与计算节点的动态添加，同时保证计算效率与数据安全。

数据中心通过整合多来源数据信息，依据标准化规范对数据进行汇集、整合、处理，建立结构化及非结构化数据存储模式，对各类基础地理数据、业务数据、模型数据、系统配置文件等进行统一、规范化管理，构建基础地理数据库、水环境共享数据库、方法工具数据库、元数据库、系统管理数据库，为整个系统运行提供数据基础。

3.3.4.1 基础地理数据库

基础地理数据库包括流域重点区域高清遥感影像、高精度数字高程模型(DEM)、行政区划、道路、地名、干支流、重点湖库等矢量数据，以及功能分区的发展规划、土地利用、土壤构成分布、人口、经济及产业结构、工业总产值等经济社会资料。

1) 基础矢量数据

包括行政区划、交通、居民点等。收集流域范围内各级行政区划、交通、居民点数据。

2) 遥感影像数据

包括近年卫星多层级分辨率遥感数据，影像区域面积覆盖整个流域。

3) 水系及水利工程数据

水系包括流域主要河流以及重点湖库等。包括空间位置、编码、名称、长度、面积等属性。

水利工程数据包括水库、堤防、水闸等，主要属性包含位置、名称、调度信息等。

4) 高程数据

收集覆盖全流域范围、满足管理需求精度要求的数字高程数据。

5）土地覆盖利用

土地覆盖利用是描述流域内有关土地利用信息的数据，主要包括土地利用分布、面积等数据。

3.3.4.2　水环境数据库

包括水环境质量数据、污染源数据、水生态功能分区数据、水质数据、水文气象数据等。

1）水生态环境功能区划数据

包括流域范围内的流域—控制区—控制单元三级水生态功能分区，重点区域扩展至四级。

控制区包括分区名称、所在省、核心功能、生态现状、近期目标、远期目标、管控目标、水生态特征、河流水系、主导功能等属性。控制单元包括单元名称、控制断面、单元大类、单元小类、水质等级、所辖地区等属性。

2）集中式饮用水水源保护区数据

收集流域饮用水源地的位置、编码、名称、进出水口水质、水源地保护区面积等数据。

3）水质监测数据

收集流域主要国控水质断面、跨省界水质监控断面、重点饮用水源地取水口断面数据，包括断面位置、名称、编码、监测类型、监测频率、监测指标、常规监测数据、自动监测数据等。

4）排污监测数据

接入流域范围内国控重点企业污染源排放数据、污水处理厂排放数据等，主要包括编码、名称、排放类型、排放因子、排放量等属性数据。

5）污染源统计及测算数据

污染源数据包括典型区农业源、重点城市生活污染源、航运污染、交通港口源、河湖内源等。包括编码、名称、排放类型、排放因子、排放量等属性数据。

6）入河排污口数据

结合流域入河排污口调查，收集入河排污口点位、所属水功能区、排放量等信息。

7）水雨情监测数据

包含流域各水文（水量、水位）站、雨量站及其监测实时数据。

8）水文监测历史数据

包含流域各水文（水量、水位）站、雨量站的历史监测日均整编数据。

9）经济社会数据

收集流域三级功能分区范围内关于经济社会的统计资料，如统计年份、人口数、GDP、国土面积、产业产值、工业企业主要经济指标、工业企业取水量、工业企业能源消费量、气象情况、渔业生产、环境保护情况、畜牧业生产、交通专项、国土专项、水资源专项、渔业专项、环境保护专项等数据表。

3.3.4.3 知识库、模型库

知识库包含水质目标管理技术、最佳技术评估、基准标准技术、水专项成果以及危化品数据、水质目标管理相关的法律、法规、政策、水环境标准。

模型数据是指适用于流域范围内不同地区、满足不同管理需求、不同尺度及功能的水环境模型，主要包括流域面源污染模型、河流水质模型、湖库水质模型及流域生态流量模型等水环境模型。

3.3.4.4 元数据库

元数据库描述各种数据格式的流域水环境数据源、基础地理数据、外部数据属性等。

元数据为描述数据的数据。元数据库使用水环境信息元数据标准、水环境模型库元数据标准等，规范长江流域水环境信息元数据库设计及建设工作。元数据库中存储的元数据信息除了属性信息，也包含元数据的空间范围图形，可通过空间字段存储和空间数据库引擎，实现对空间信息的存取。元数据包括数据库的标识、内容、

数据质量、空间参照、数据分发、负责单位等信息。

3.3.5　服务平台层

服务平台层(PaaS)以服务的形式为业务应用的开发提供支持，包括地图服务、数据交换服务、数据共享服务、空间分析服务、查询统计服务、三维渲染服务、数据目录服务、数据访问服务、日志服务、消息服务、统一认证服务。

地图服务：业务系统提供与 GIS 地图有关的服务，包括地图服务的发布、调用与地图显示等，服务采用通用的 OGC 标准，外部平台也可通过相关地址访问和应用。

数据交换服务：负责数据中心数据与外部数据的交换，包括数据格式转换、数据清洗、数据载入与载出等。

数据共享服务：将数据中心的数据对外发布，通过数据目录服务即可查看、共享服务目录，进而通过目录地址对数据进行访问。

空间分析服务：包括叠加分析、缓冲区分析、最短路径分析等专业的 GIS 空间分析功能。

查询统计服务：负责对业务数据库、日志数据库等的访问，包括数据检索、分类、提取，形成统计报表等。

三维渲染服务：计算加载三维场景的空间位置，将场景绘制于计算机屏幕，在渲染模块中对三维数据进行分类、分层与分级，优化整个渲染过程，提高系统运行效率。

数据目录服务：包括目录注册、服务能力和服务目录。目录注册负责向数据库注册总目录数据和元数据；服务能力提供获取数据的功能；服务目录分为服务总目录、分类服务目录和服务能力目录。

数据访问服务：完成与数据层的对接，包括三维地理信息数据访问、模型数据访问、业务数据访问、配置文件访问。

日志服务：主要服务于系统管理模块，提供日志的记录功能，包括操作日志与系统日志。

消息服务:支持站内信息、短信通知、邮件、微信、即时通信等消息形式。

统一认证服务:提供身份认证和权限管理功能,可以管理用户账号,并且可以控制这些用户对业务系统的访问和操作权限。

3.3.6 应用层

应用层(SaaS)由生态环境功能分区、容量及跨界通量监管、水环境风险预测预警、数据汇交与信息共享等系统组成,各系统独立设计,可供用户独立使用,用户可根据需要进行自主订阅。

3.3.7 表现层

表现层即系统的展示形式,本系统设计为B/S结构,针对不同的用户提供内网、外网访问门户,允许用户通过桌面电脑、便捷式电脑、手机、平板等设备通过浏览器进行系统的访问与交互。

3.3.8 统一运维安全与数据规范

3.3.8.1 统一管控中心

平台通过统一调度、统一搭建、统一管控、统一身份认证系统,对平台的基础搭建到整体资源的使用与分配情况进行监控与调度、性能监管、安全监管,全面保证系统的通用性、高弹性、扩展性、安全性等。数据标准体系如图3.3.3所示。

3.3.8.2 数据标准规范体系

数据标准规范体系是保障整个系统建设实施成功的软性因素,包括技术、管理等各方面的标准和规范。在整个项目建设过程中应严格遵循国际、国家及行业相关标准规范。项目设计及实施过程中,依据的规范体系包括相关的政策、法规与技术标准及规范。技术标准及规范主要包括系统建设类规范、软件工程设计类规范、数据库建设及数据交换类规范及其他可能涉及的规范。

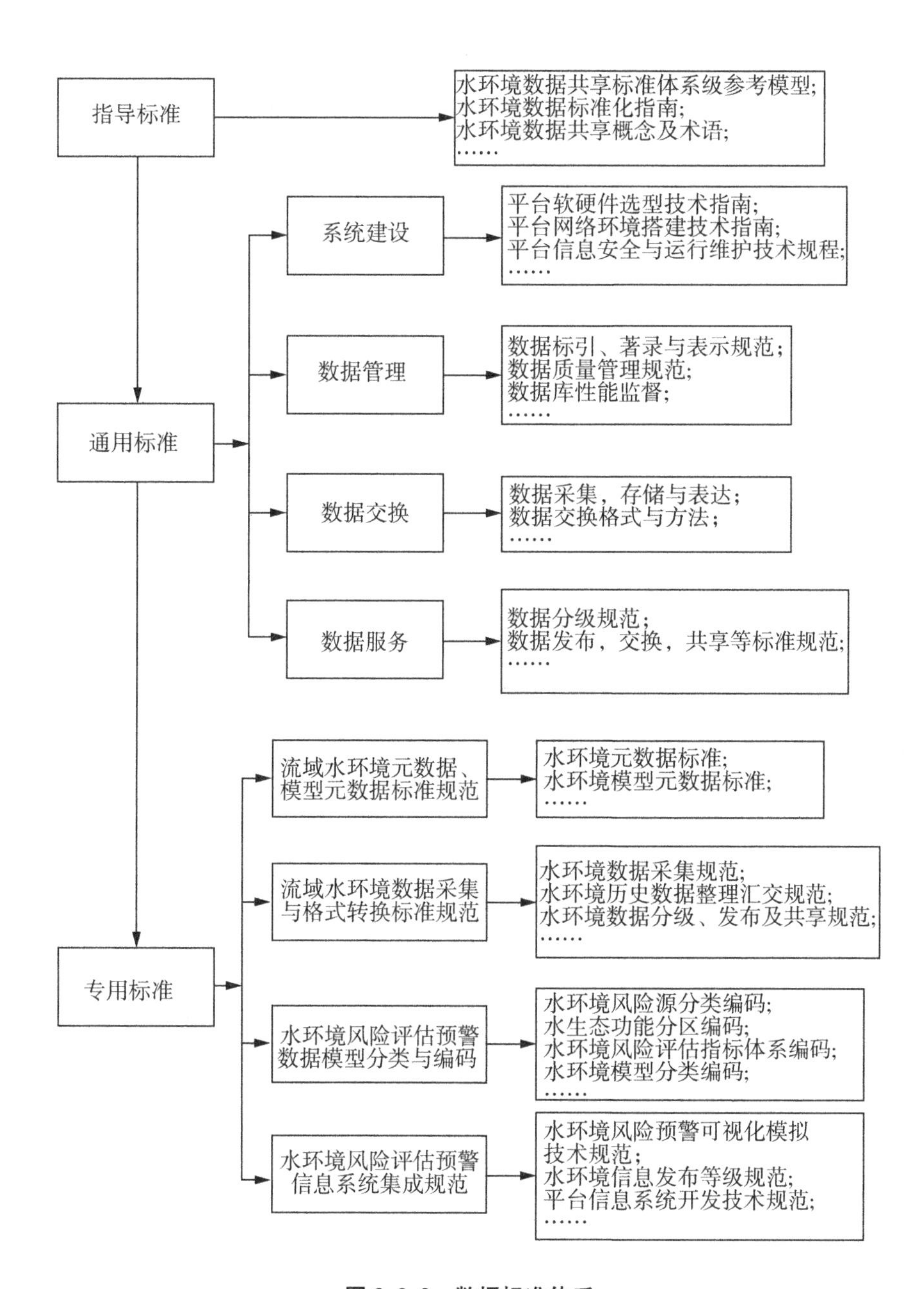
指导标准
水环境数据共享标准体系级参考模型;
水环境数据标准化指南;
水环境数据共享概念及术语;
……
通用标准
系统建设
平台软硬件选型技术指南;
平台网络环境搭建技术指南;
平台信息安全与运行维护技术规程;
……
数据管理
数据标引、著录与表示规范;
数据质量管理规范;
数据库性能监督;
……
数据交换
数据采集，存储与表达;
数据交换格式与方法;
……
数据服务
数据分级规范;
数据发布，交换，共享等标准规范;
……
专用标准
流域水环境元数据、模型元数据标准规范
水环境元数据标准;
水环境模型元数据标准;
……
流域水环境数据采集与格式转换标准规范
水环境数据采集规范;
水环境历史数据整理汇交规范;
水环境数据分级、发布及共享规范;
……
水环境风险评估预警数据模型分类与编码
水环境风险源分类编码;
水生态功能分区编码;
水环境风险评估指标体系编码;
水环境模型分类编码;
……
水环境风险评估预警信息系统集成规范
水环境风险预警可视化模拟技术规范;
水环境信息发布等级规范;
平台信息系统开发技术规范;
……

图 3.3.3　数据标准体系

3.3.8.3 信息安全保障体系

信息安全保障体系涉及系统各个层面的安全技术和措施，为整个系统提供鉴别、访问控制、抗抵赖和数据的机密性、完整性、可用性、可控性等安全服务，形成集防护、检测、响应、恢复于一体的安全防护体系。

第4章 流域水环境大数据管理平台建设实践

"十三五"以来，党中央、国务院高度重视长江经济带生态环境保护工作。习近平总书记多次对长江经济带生态环境保护工作做出重要指示，强调推动长江经济带发展，要坚持生态优先、绿色发展，共抓大保护，不搞大开发。《长江经济带生态环境保护规划》中也已明确了以下任务：加强跨部门、跨区域、跨流域监管与应急协调联动机制建设，建立流域突发环境事件监控预警与应急平台；针对沿江取水的城市开展水源水质生物毒性监控预警建设；建立省际间统一的危险品运输信息系统；建设长江经济带环境风险与应急大数据综合应用与工作平台等。

基于上述背景和科技需求，"十三五"水专项"流域水质目标管理技术体系集成研究项目"课题6"流域水质目标管理技术集成系统构建课题(2017ZX07301006)"提出构建长江经济带水质目标管理平台的研究任务。通过研究构建包括水生态环境功能分区技术、水质基准确定技术、基准向标准转化技术、最佳可行技术评估与筛选及环境风险防控技术等的区域/流域水质目标管理技术链条，实现水质目标管理技术的规范化、标准化、集成化，加强水质目标管理集成体系的信息化手段支撑。通过大数据业务化平台的构建，全面促进技术体系的衔接和融合，建立不同任务单元的数据交换、共享与信息化机制，形成不同技术及业务化平台之间的信息集成与智能化决策等。

该管理平台旨在充分运用现代信息技术手段，对既有水质目标管理技术成果进行综合集成，在以下几个方面提升长江经济带水环境管理能力和水平：一是促进长江经济带水质目标管理相关数据资源的全面整合和共享。基于环保云规范数据传输技术，确保长江经济带水质目标管理相关数据及时上报和信息安全，增强数据资源的整合、开放与共享。二是提升长江经济带水质目标管理综合决策水平。通过建立全景式水环境形势研判模式，强化对污染源、水环境质量、水环境承载力、环境风险等数据的关联分析和综合研判。三是助力长江经济带水环境监管模式创新，包括建立“一证式”污染源管理模式、推进水环境模型验证、增强水环境监测预警能力、创新监察执法方式等。四是统筹建设水质目标管理成果信息大数据平台，提升成果信息公开服务质量，全面提高长江经济带水质目标管理综合决策和公共服务水平。全面实现流域水质目标管理技术体系的系统化、科学化、法制化、精细化和信息化，有力推进长江经济带跨部门、跨区域、跨流域监管与应急协调联动机制建设，实现省际间统一的环境风险与应急大数据的共享与综合应用。

应用大数据及云平台等现代信息技术，构建可以对长江经济带水质目标相关信息进行跟踪、模拟、结果分析和三维可视化处理的水质目标大数据综合管理平台，以长江经济带水环境综合管理的数据流为中心，通过统一开放式接口，实现水质目标管理数据共享“一张图”，在水生态功能分区动态管理、数据汇交与信息共享、总量核算及排污许可管理、风险预测预警等方面实现业务化运行，能够有效规范整合平台与各子系统成果，实现全景式水质达标形势研判、一体化风险联防联控，有效提升长江经济带水环境综合管理能力。长江经济带水质目标管理平台总体实施路径如图4.1.1所示。

基于长江经济带水生态功能分区，兼顾不同类别水质目标管理技术的协调性、衔接性和适应性，应用互联网＋、云计算等现代信息技术，将水质目标管理技术模块化及数字化，构建不同类别的数据库、模型库和知识库，构建水生态功能分区管理系统、基准验证技术支持系统、排污许可管理系统、最佳技术评估系统、风险预测预警系统、数据汇交与信息共享系统，形成长江经济带水质目标管理平台。

4.1 长江经济带水质目标管理平台总体架构设计

4.1.1 系统逻辑架构

围绕水质目标管理技术研究成果转化的实际需求，充分利用“十一五”“十二五”

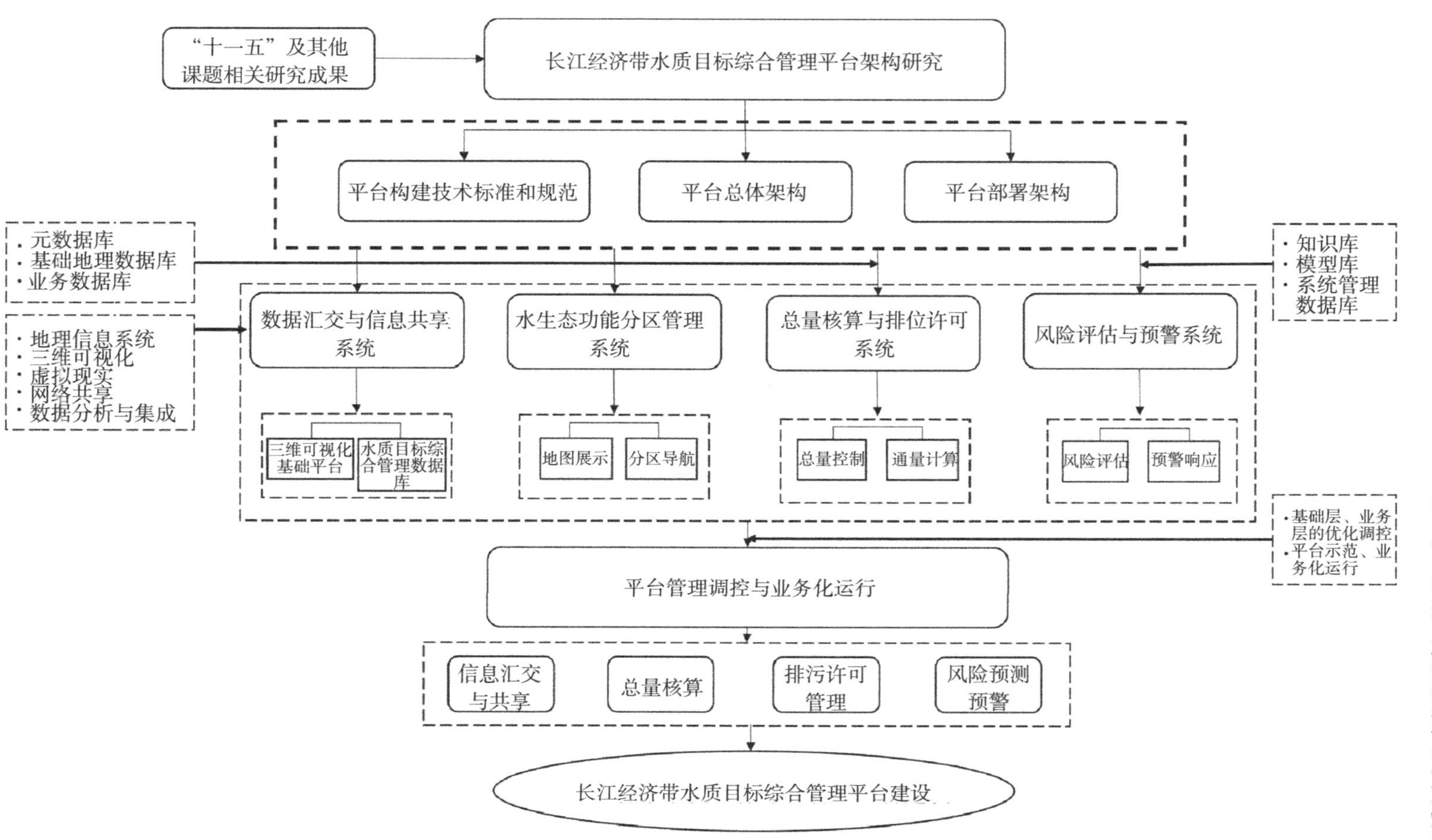

图 4·1·1　长江经济带水质目标管理平台总体实施路径

水专项成果数据资源和先进的信息技术，基于云服务、云计算技术，在高效、可靠、处理能力伸缩性强的云平台框架下，设计了长江经济带水质目标管理平台总体架构，实现了对内服务于科技成果管理，对外加强社会服务、数字化成果展示和公众查询的核心目标，满足了工作人员、管理人员、公众用户等多种技术信息需求。

由于流域水质目标管理的成果管理系统与公共平台的复杂性，基础硬件平台采用云计算服务器，它具有通用性、虚拟化、高可扩展性、高可靠性、按需服务等优点，可确保水质目标管理应用的存储、计算性能需求。平台架构方面遵循云平台的设计理念，分别从业务架构和技术架构着手，分析、设计流域水环境管理技术体系集成的总体架构。

作为水质目标管理技术体系重要的科技基础资源，流域水质目标管理平台的业务架构要求为公共服务和公共管理提供基础应用支撑，承载公共服务和公共管理的基础应用，实现各纵向业务信息系统之间的信息交换。

技术架构已在 3.3.2 中详细描述过，此处不再赘述。

4.1.2 系统开发架构

为了充分利用现有基础信息资源和应用系统开发成果，提高系统的使用效率，本系统主要采用 B/S 架构进行设计。

数据库方面，使用支持大数据存储的 HBase 数据库与 Oracle 数据库相结合的方式，这样既可方便快速地处理大量实时数据又能够存储海量历史数据；编程语言方面，使用基于 Java EE 技术的 Java 语言；后台使用 Spring MVC 框架做业务处理；使用 MyBatis 框架做数据持久化；前台采用 Vue.js 进行前端开发。

1) Spring MVC 具有以下特点

(1) 能有效地组织中间层对象，致力于解决剩下的问题；

(2) 能消除在许多工程中常见的对 Singleton 的过多使用；

(3) 可以通过一种在不同应用程序和项目间保持一致的方法来处理配置文件，可以消除各种各样自定义格式的属性文件；

(4) 可以减小对接口编程的代价；

(5) 使用它创建的应用可尽可能少地依赖于他的 APIs，Spring 应用中的大多数业务对象没有依赖于 Spring；

(6) 使用它构建的应用程序易进行单元测试；

(7) 能使 EJB 的使用成为一个实现选择，而不是应用架构的必然选择，使用者可以选择用 POJOs 或 local EJBs 来实现业务接口，却不会影响调用代码；

(8) 可以解决许多问题而无需使用 EJB，它能提供一种 EJB 的替换物并适用于许多 Web 应用。

2) Mybatis 框架具有以下特点

(1) 易于上手和掌握；

(2) SQL 写在 XML 里，便于统一管理和优化；

(3) 解除 SQL 与程序代码的耦合；

(4) 提供映射标签，支持对象与数据库的 ORM 字段关系映射；

(5) 提供对象关系映射标签，支持对象关系组建维护；

(6) 提供 XML 标签，支持编写动态 SQL。

3) VUE. js 具有以下特点

VUE. js 是一个构建数据驱动的 Web 界面的渐进式框架。VUE. js 的目标是通过尽可能简单的 API 实现响应的数据绑定和组合的视图组件。它不仅易于上手，还便于与第三方库或既有项目整合。

4.1.3　平台构建的技术标准规范

针对长江经济带水环境数据模型数量大、来源复杂、系统研发构建涉及多种技术方法、平台要满足不同用户的多样性需求、平台具有复杂多元性等特征，从以下方面提出平台构建的技术标准规范。

1) 规范元数据库和模型元数据库建设

使用水环境信息元数据标准、水环境模型库元数据标准等规范流域水环境信息元数据库设计及建设工作，以及流域水环境风险评估及预警模型元数据库设计及建设工作。

2）规范核心样例数据库和模型库建设

使用水环境信息元数据标准、水环境模型库元数据标准等，规范各类水环境数据库、样例数据库的设计及建库工作，以及水环境风险评估及预警模型库设计及建设工作。

3）规范平台公共架构设计

平台公共架构是环境创新的手段和技术，是为了避免分布式系统构建实施过程中环境信息异构化的需要，是推动水环境科学发展的需要。以“依托现有基础条件、兼容已建预警平台、符合技术发展趋势”为出发点，充分考虑已有水环境风险评估预警平台的建设情况，服务于跨区域、跨部门的政府管理、科学研究和公众信息需求，平台体系结构设计将以符合软件规范、提高工作效率、界面友好、便于软件实现为指导思想，同时遵循下列设计原则。

(1) 科学性原则：在系统结构和功能设计方面严格考虑数据质量及科学、清晰的数据结构与组织，力求系统的科学性。

(2) 实用性原则：系统的开发应能满足长江流域水资源环境管理部门以及相关管理决策部门对信息查询、统计或决策分析的要求，同时系统结构应简洁，功能方便、灵活，界面友好，便于平台操作人员的管理和使用。

(3) 统一性与规范性原则：为确保平台的科学性、实用性以及与课题或项目其他信息系统的接轨，平台设计应充分利用信息共享集成技术及有关标准规范，遵循统一、规范的信息编码和坐标系统、规范的数据精度与符号系统等。

(4) 可扩展性和开放性：平台的设计应考虑到系统的扩展以及与其他系统的兼容。在水环境要素信息编码、地图坐标系统选择，以及平台功能等方面均设计一定的冗余量，方便平台的扩充或移植。

(5) 模块化原则：平台应严格遵循模块化的结构方式进行开发，以满足对平台通用性和可扩展性的要求。

(6) 先进性原则：采用与技术发展潮流相吻合的产品与技术，保证工程的可延续性，保证平台的不断深化与发展。

(7) 保密性和安全性：必须符合国家的安全标准和要求，以保护内部信息特别是密级信息不被非法访问。

(8) 经济性原则：平台在满足功能要求的基础上，应尽可能降低造价。

(9) 可维护性原则：软件开发的全过程要严格遵从软件工程的原则与要求进行管理。需求分析、软件详细设计、代码编制、测试维护等过程都要建立完善的文档资料，以保证软件开发的正确性、健壮性和可维护性。

在系统的具体设计和开发过程中，采用软件工程面向对象的设计思路，运用理论、方法均成熟的线形软件开发模型，组织开展系统的设计与开发工作。在系统设计开发过程中注意适时对前一阶段的工作进行回顾，以确保系统实现过程与用户的实际需求相符，也能有效地保证系统软件的开发质量。平台系统功能设计开发流程一般范式如图 4.1.2 所示。

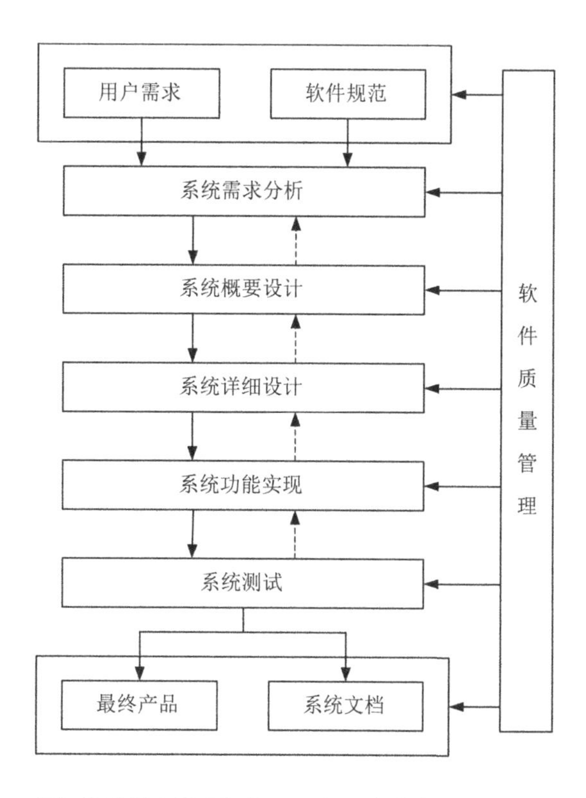

图 4.1.2　长江经济带水质目标管理平台系统功能设计开发流程一般范式

通过检索与调研，搜集整理目前国家及环境行业推行的平台构建标准规范，分数据信息类标准、信息技术类标准、建设与运行管理规范 3 大类，共计 21 项，作为平台系统构建的依据，如表 4.1.1 所示。

表 4.1.1 长江经济带水质目标管理平台系统构建依据标准规范目录

分类	标准规范名称	备注
数据信息类标准	环境信息术语(HJ/T 416—2007)	环境保护行业标准
	环境信息分类与代码(HJ/T 417—2007)	环境保护行业标准
	信息分类和编码的基本原则与方法(GB/T 7027—2002)	国家标准
	环境污染类别代码(GB/T 16705—1996)	国家标准
	环境污染源类别代码(GB/T 16706—1996)	国家标准
	废水类别代码(试行)(HJ 520—2009)	环境保护行业标准
	废水排放规律代码(HJ 521—2009)	环境保护行业标准
	地表水环境功能区类别代码(试行)(HJ 522—2009)	环境保护行业标准
	废水排放去向代码(HJ 523—2009)	环境保护行业标准
	大气污染物名称代码(HJ 524—2009)	环境保护行业标准
	水污染物名称代码(HJ 525—2009)	环境保护行业标准
	地理信息 术语(GB/T 17694—2009)	国家标准
	基础地理信息要素分类与代码(GB/T 13923—2006)	国家标准
	基础地理信息要素数据字典第 2 部分:1 : 5 000 和 1 : 10 000 比例尺(GB/T 20258.2—2019)	国家标准
信息技术类标准	环境信息系统集成技术规范(HJ/T 418—2007)	环境保护行业标准
	环境污染源自动监控信息传输、交换技术规范(试行)(HJ/T 352—2007)	环境保护行业标准
	环境数据库设计与运行管理规范(HJ/T 419—2007)	环境保护行业标准
	污染源在线监控(监测)系统数据传输标准(HJ/T 212—2017)	环境保护行业标准
建设与运行管理规范	标准化工作导则　第 1 部分:标准化文件的结构和起草规则(GB/T 1.1—2020)	国家标准
	分类与编码通用术语(GB/T 10113—2003)	国家标准
	标准体系构建原则和要求(GB/T 13016—2018)	国家标准

4.2 信息共享系统

4.2.1 总体建设方案

通过对信息数据进行采集与转换，集成水环境专题空间等业务数据，并进行数据分析和挖掘；基于国产 GIS 大型三维仿真可视化基础平台，实现可视化、分析、查询、交换、共享等功能应用，构建满足水质目标管理日常业务化运行需求的数据汇交、挖掘与共享系统。数据汇交与信息共享系统总体建设方案如图 4.2.1 所示。

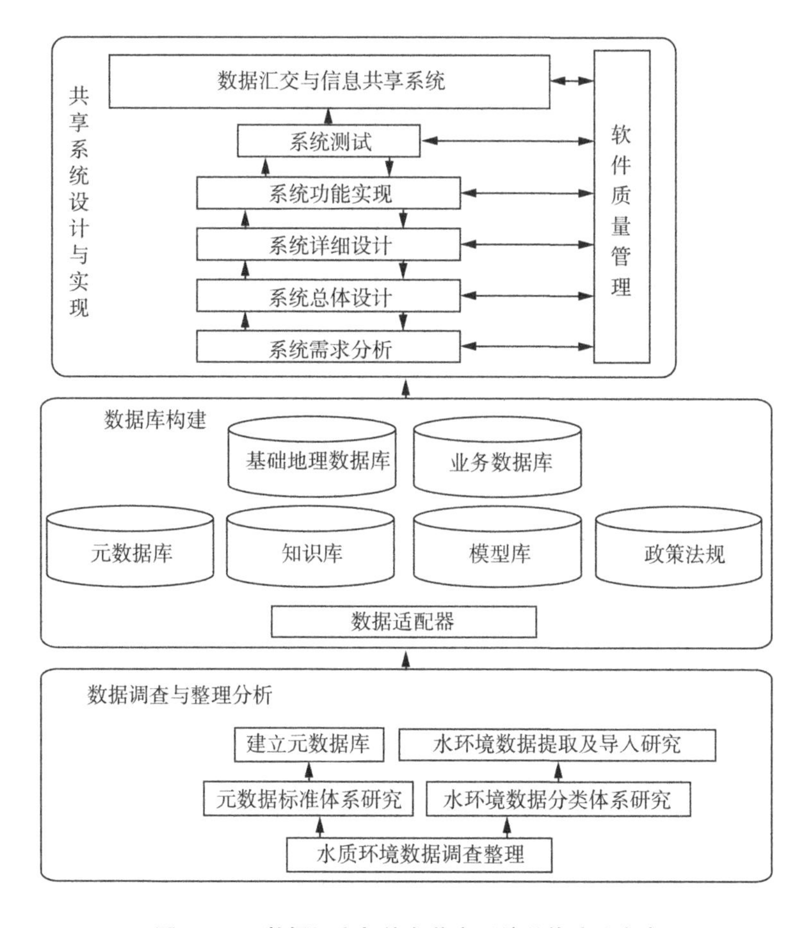

图 4.2.1　数据汇交与信息共享系统总体建设方案

4.2.2 需求分析

4.2.2.1 用户特点和需求分析

本系统将整个长江流域当作一个完整的生态系统来考虑，研究区域跨越各省市行政界线。在系统研究与实施时必须考虑多源数据的统一与完整性。

本系统设定的最终用户是长江流域水质目标的综合决策者和管理者，其所关心的问题不局限于某个侧面，而应具有综合性的特点。例如，突发事故污染和环境质量的关系、污染物排放、环境质量与国家和地方有关法规及标准的比较、区域性宏观污染控制策略等。他们具有丰富的环境管理经验，是系统的最直接用户。在系统设计时，面向跨界区环境问题及管理的特点，应满足管理者"总量核查、跨界协调、污染防范、应急响应"等工作职能的基本需要。

系统的另一类直接用户是专职或兼职系统管理员。他们负责系统的日常维护管理，包括基础数据的录入、修改、更新，系统和数据备份等工作。根据本系统所服务的长江流域水质目标综合管理平台涉及的子系统功能的不同，相关管理人员的工作内容有所不同。通过他们对计算机和系统软件的操作，为决策人员提供所需的必要数据、信息和决策支持。

因此，设置系统管理功能时，需要根据不同使用者的角色分配相应的权限。

4.2.2.2 系统功能需求分析

本系统定位为跨界水质目标综合管理平台的业务数据信息共享及通信中枢，通过统一开放式接口，为平台其他子系统提供水质目标综合管理业务数据的交流共享功能。

根据系统定位及长江经济带水质目标综合管理平台业务化运行需要，本系统在功能体系方面应包括以下内容：

(1) 基础地理数据。长江流域跨界区水系、地名、交通、居民地、水工建筑、行政基础设施等基础数据的展示。

(2) 业务基础数据展示，包括各类水质专题信息、污染源信息、水雨情专题信息、经济社会数据信息等的展示。

(3) 长江经济带水质目标管理相关数据的存储、查询、统计分析、定位、断面趋势分析、模拟预测和展示。

(4) 其他子系统数据的解读、展现及动态交流共享等。

(5) 知识库、模型库、政策法规收集、整理，以及查询检索。

(6) 危化品数据库的收集、整理，以及查询检索。

(7) 与综合管理总平台的其他各子系统的通信衔接。

4.2.2.3　数据需求分析

1) 元数据

元数据为描述数据的数据。使用水环境信息元数据标准、水环境模型库元数据标准等来规范长江经济带水环境信息元数据库设计及建设工作。元数据库中存储的元数据信息除了属性信息，也包含元数据的空间范围图形，通过空间字段存储和空间数据库引擎，实现对空间信息的存取。元数据包括数据库的标识、内容、数据质量、空间参照、数据分发、负责单位等信息。

2) 基础地理数据

(1) 基础矢量数据

包括行政区划、交通、居民点等。收集长江经济带沿线行政区划、交通、居民点数据。

(2) 遥感影像数据

包括近年卫星多层级分辨率遥感数据，影像区域面积覆盖整个长江经济带。

(3) 水系及水利工程数据

水系包括长江上、中、下游干流、一级支流(105 条)以及重点湖库(洞庭湖、鄱阳湖、巢湖、太湖、滇池、丹江口、洱海等)。包括空间位置、编码、名称、长度、面积等属性。

水利工程数据包括水库、堤防、水闸等，主要属性包含位置、名称、调度信息等。

(4) 高程数据

收集长江经济带流域数字高程数据。

(5) 土地覆盖利用

土地覆盖利用是描述流域内有关土地利用信息的数据,主要包括土地利用分布、面积等数据。

3) 业务数据

(1) 水生态环境功能区划数据

包括长江经济带内的流域—控制区—控制单元三级水生态功能分区,重点区域扩展至四级。收集长江经济带134个控制区、843个控制单元的相关数据。

控制区包括分区名称、所在省、核心功能、生态现状、近期目标、远期目标、管控目标、水生态特征、河流水系、主导功能等属性。控制单元包括单元名称、控制断面、单元大类、单元小类、水质等级、所辖地区等属性。

(2) 集中式饮用水水源保护区数据

收集长江经济带饮用水水源地的位置,编码,名称,进、出水口水质,水源地保护区面积等数据。

(3) 水质监测数据

收集长江经济带284个国控水质断面(干流及一级支流)、跨省界水质监控断面、重点饮用水水源地取水口断面数据,包括断面位置、名称、编码、监测类型、监测频率、监测指标、常规监测数据、自动监测数据等。

(4) 排污监测数据

接入长江经济带范围内的国控重点企业污染源排放数据、污水处理厂排放数据等,主要包括编码、名称、排放类型、排放因子、排放量等属性数据。

(5) 污染源统计及测算数据

污染源数据包括典型区农业源、驻点城市生活污染源、航运污染、交通港口源、河湖内源等。包括编码、名称、排放类型、排放因子、排放量等属性数据。

(6) 入河排污口数据

结合长江经济带入河排污口调查,收集入河排污口点位、所属水功能区、排放量等信息。

(7) 水雨情监测数据

包含长江经济带各水文(水量、水位)站、雨量站及其监测实时数据。

(8) 水文监测历史数据

包含长江经济带各水文(水量、水位)站、雨量站的历史监测日均整编数据。

(9) 经济社会数据

收集长江经济带三级功能分区范围内关于经济社会的统计资料,如统计年份、人口数、GDP、国土面积、产业产值、工业企业主要经济指标、工业企业取水量、工业企业能源消费量、气象情况、渔业生产、环境保护情况、畜牧业生产、交通专项、国土专项、水资源专项、渔业专项、环境保护专项等数据。

4) 知识库数据

流域水污染防治、水生态保护和水资源管理方面的方案、准则与管理规范。

5) 模型数据

长江经济带流域/区域的流域面源污染模型、河流水质模型、湖库水质模型等。

6) 政策法规

法律、法规、水环境标准等。

7) 系统管理数据

系统用户、角色、权限、运维、服务器状态、日志等信息。

4.2.3 系统设计

4.2.3.1 设计目标

总体目标:通过对信息数据的采集与转换,集成水环境专题空间等业务数据,并进行数据分析和挖掘;基于国产 GIS 大型三维仿真可视化基础平台,实现可视化、分析、查询、交换、共享等功能应用,构建满足水质目标管理日常业务化运行需求的数据汇交、挖掘与共享系统。

4.2.3.2 设计原则

设计原则：遵循长江经济带水质目标综合管理平台设计的框架体系，系统构建技术标准以及水环境数据元技术规范，构建可靠完备的数据库，保证业务数据的规范性、可靠性和有效性，为平台统一集成入口提供数据基础。根据平台构建的 MVC 思想（即模型、显示、控制三层架构思想），实现从上至下的“表现层、业务层、数据层”的开发构成模式。

4.2.3.3 系统框架设计

从软件结构上来说，环境信息共享平台的软件体系结构采用三层组织方式，即表现层、业务层及数据层。

1）表现层

表现层是环境科学数据共享服务平台系统层次结构模式中的客户端层。普通用户和管理员都是通过客户端界面得到目录服务和进行目录管理的。是最终用户和系统直接交互的一个层次，主要完成环境信息检索、空间元数据查询、环境信息浏览等功能。

2）业务层

业务层是支持目录服务平台系统各种功能和应用的关键模块，主要完成用户层上各个功能的实现，应用服务层使用各种组件来实现业务逻辑的处理，负责和数据库直接交互，完成用户层提交的业务处理并返回结果。

3）数据层

数据层是实体数据的描述信息，通过元数据描述各种不同类型的环境数据信息，包括空间的、非空间的以及各种统计图表。元数据库中存储的元数据信息除了属性信息，也包含元数据的空间范围图形，通过空间字段存储、空间数据库引擎，实现对空间信息的存取。

数据层只描述元数据信息，实体数据被称为数据源。数据源包括了所有数字化的信息资源，其中数字化的信息资源存储于特定的网络位置，以 URL 进行定位，通过用户认证确认后，系统能够提供这些数据的下载服务。

目录服务器并不直接和数据源相连，两者是通过元数据中记录的数据源的定位信息进行联结的。用户得到定位信息后可直接和数据源连接查找数据。

数据汇交与信息共享系统总体结构如图 4.2.2 所示。

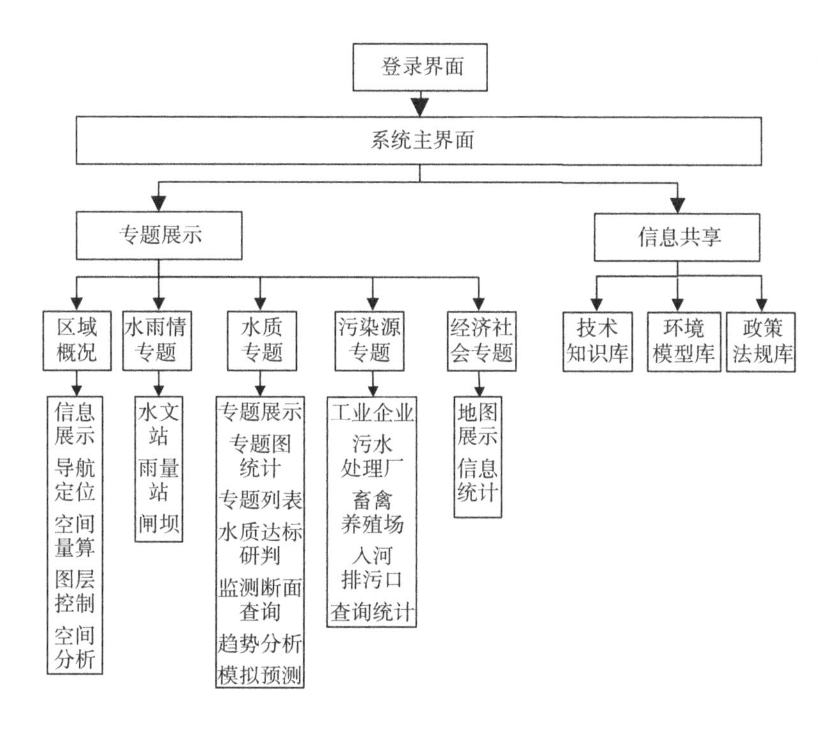

图 4.2.2　数据汇交与信息共享系统总体结构

4.2.3.4　开发及运行环境

本系统的软件体系结构采用 B/S 结构，系统基础平台是基于 EV-Globe 系统开发的，同时以 Java 等高级语言进行开发、构建，满足长江经济带水质目标综合管理日常业务化运行要求的“数据汇交与信息共享系统”。

1）开发环境

选择国内自主开发，具有中国自主知识产权的先进三维 GIS 平台——EV-Globe 作为承载三维可视化分析系统的支撑软件，并在此基础上构建信息交流共享的基础支持平台，如图 4.2.3 所示。

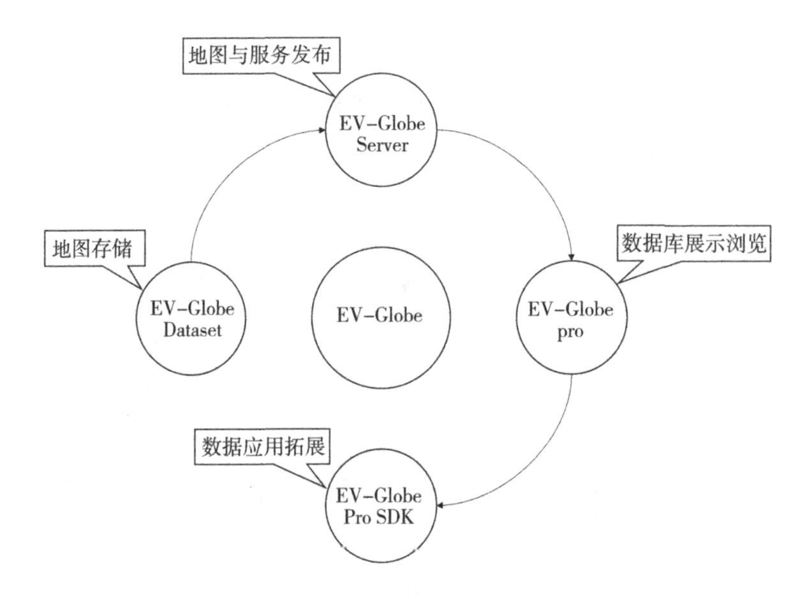

图 4.2.3 EV-Globe 支撑平台结构图

系统结构方面，采用基于服务的多层网络架构实现系统功能，将三维地图发布、分析运算服务、数据存储、客户端浏览等环节在物理环节上进行了隔离和部署，降低了服务器负载，保障了系统部署应用的安全性，如图 4.2.4 所示。

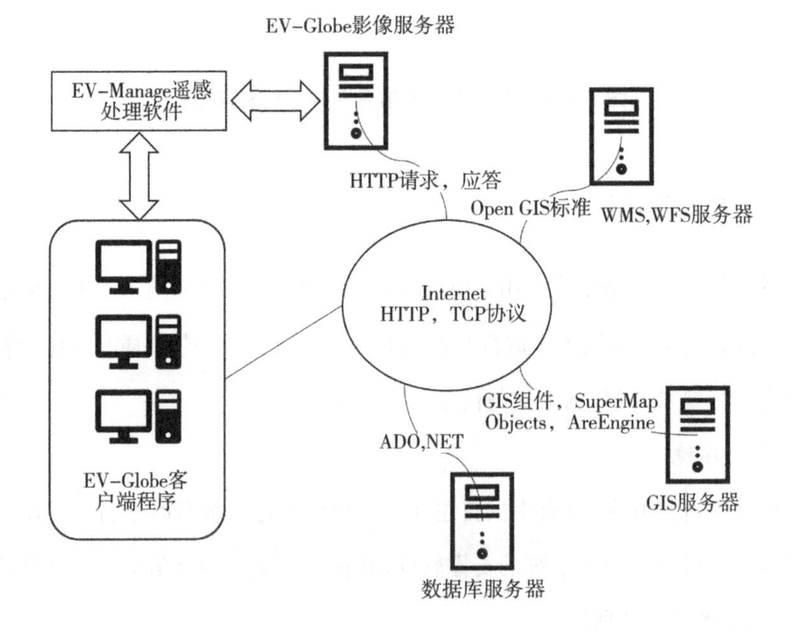

图 4.2.4 EV-Globe 支撑平台部署图

同时，针对三维GIS平台数据库数据量大、数据格式繁多、用户交互频繁的特性，在客户端设立了数据缓冲机制。采用缓冲机制后，系统不仅实现了高效的在线地图访问，同时还能够实现在短时通信中断的情况下，数据浏览不受影响，从而提高系统应用效率和使用感受。

系统能够实现海量多源影像的无缝集成及管理。系统中还包含了专门用于存储海量遥感影像的影像服务器。在影像服务器中，通过瓦片金字塔技术对遥感影像进行结构优化，实现TB级影像数据的存储管理，而优化后的影像可以实现无缝镶嵌与快速浏览发布。

而对于矢量数据，系统采用了地图查看分离的存储技术，以金字塔模式对显示用地图数据进行优化并存储，以关系数据库模式对查询用地图数据进行存储，优化存储后，系统可以实现对矢量数据的存储管理能力的有效增强，并实现矢量数据与影像数据的无缝集成。

作为面向三维仿真环境下应用的GIS平台，系统提供了多种技术手段以提高三维环境的仿真渲染效率与渲染效果。

(1) 细节层次技术

细节层次技术(LOD)是指在计算观察者与被观察对象之间的角度、距离、视角等相关观察要素后，计算机可以按观察的细致程度对仿真环境采用不同详细程度的渲染。利用LOD技术并结合瓦片金字塔技术，系统可以实现不同层次下快速、高仿真度的三维场景表现。

(2) 环境特效技术

地形地貌、人工建筑仅仅是构成自然环境的一部分，我们生活的世界还包括大气、海洋以及各种天气状况，为了更加逼真地仿真自然环境，系统以特效渲染引擎为基础，提供了大量的特效模拟效果，以提高不同地理环境、不同天气状况、不同视角高度下的系统仿真。

(3) 矢量渲染技术

系统为点、线、面、体、文字五大矢量要素都提供了专门的矢量渲染引擎，以提高矢量数据在三维环境下的渲染能力。

对于点要素，系统支持以三维点符号的模式对点要素进行绘制。而采用了三维符号的点要素，可以更加逼真、直观地表现点符号的意义。

对于线要素，系统不仅支持贴地、凌空绘制传统的实线、折线、点折线等线要素，更加拓展支持了态势箭头等三维线符号，以提高三维场景作为电子沙盘时，对决策辅助的支持能力。

在绘制面要素时，系统能够支持完全贴合地形的半透明面要素渲染模式，以此提升多种数据叠合时透视分析的能力。

绘制文字时，系统支持在三维环境下，以三维标注的形式绘制、渲染文字对象，而立体化的文字对象则为三维浏览、检索提供了快速、简捷的地名、地标定位功能，三维特效应用实例如图 4.2.5 所示。

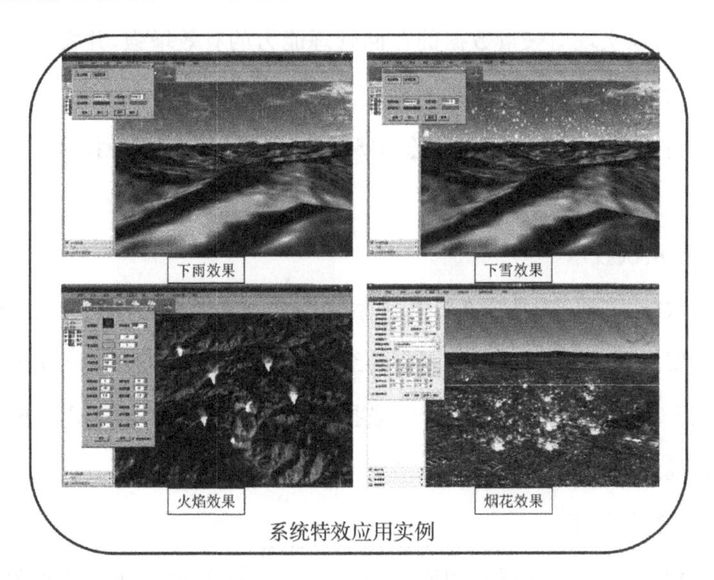

图 4.2.5　三维特效应用实例

在传统的二维 GIS 平台下，几乎无法表现矢量体对象，而在本系统中，系统能够支持对三维矢量体对象的绘制，这些体对象可以是基于地面的洪水淹没区域、土石填挖方区域，也可以是基于空域的航空管制、雷达搜索、航测扫描等区域，通过体对象渲染引擎，本系统实现了真正意义上的矢量数据对地球空间的表现功能，矢量渲染实例如图 4.2.6 所示。

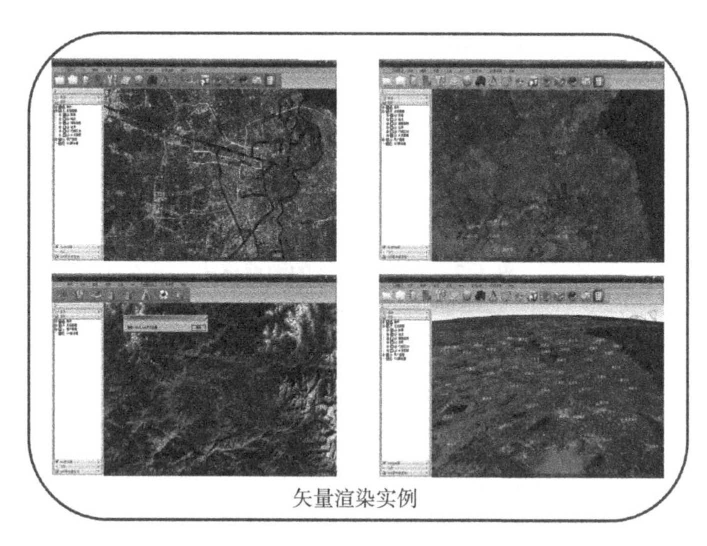

图 4.2.6　矢量渲染实例

(4) 拓展对象渲染技术

随着计算机技术的发展和人们认识水平的提高,单纯的三维地形地貌仿真已经不能满足实用的需要。而作为新一代三维 GIS 平台,本系统提供了包括对三维模型、照片、视频、属性标签等一系列拓展对象的渲染引擎,以此提高三维 GIS 系统的表现能力和实用性,拓展对象渲染实例如图 4.2.7 所示。

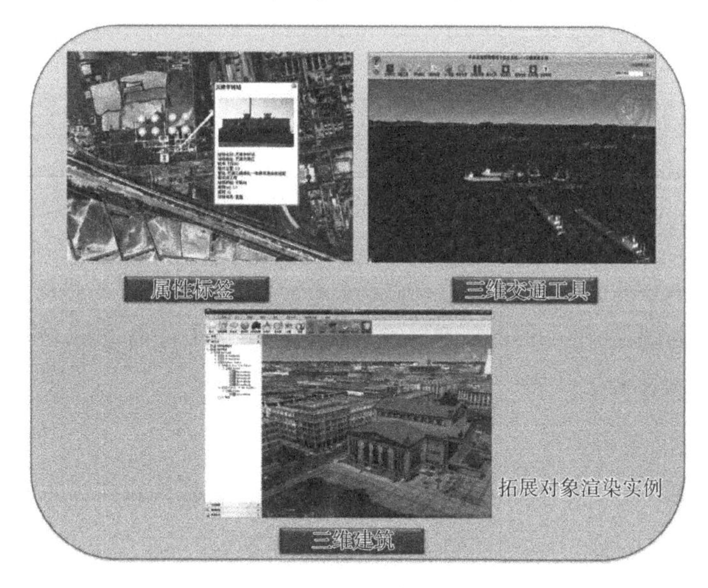

图 4.2.7　拓展对象渲染实例

本系统在数据存储方面，支持以数据库、数据导入、数据字典关联等方式对各种数据进行支持，并以数据总线的方式对数据进行发布。而这种多格式数据的强大支持能力，不仅提升了系统的兼容性，更为系统在长期应用过程中的功能及内容拓展打下了良好基础，具体内容如表 4.2.1 所示。

表 4.2.1 系统支持的数据格式

数据类型	数据格式	存储支持	导入支持	字典关联
影像数据	Geo TIFF	√	√	
	EARDAS IMAGE	√	√	
地形数据	Geo TIFF	√	√	
	EARDAS IMAGE	√	√	
矢量数据	ESRI Shape	√	√	√
	ESRI gdb	√	√	√
	Mapinfo MIF		√	
	超图 sdx	√	√	√
	DXF	√	√	√
	DWG	√	√	√
三维数据	Sketch up		√	
	3ds MAX		√	
	KMZ	√		√
业务数据	SQL Server			√
	Oracle			√
	Access mdb			√
	XML	√		√

2）运行环境

（1）操作系统

在服务器端，选用 Windows Server 2008；在客户端，可以选用 Microsoft Windows 7 以上操作系统。

（2）数据库管理软件

使用支持大数据存储的 HBase 数据库与 Oracle 数据库相结合的方式，既可方便、快速地处理大量实时数据又能够存储海量历史数据。

(3) GIS 支持软件

在选择 GIS 平台软件时,主要考虑软件的稳定性、对数据库的支持等因素。ESRI 的 ArcGIS 平台是最早的地理信息系统,在国内外有着广泛的使用,被较早应用于环境管理。ArcGIS 是一个强大的地理协同平台,为地理协同提供从信息来源、数据内容、技术手段到应用搭建的完整支撑环境,帮助各类用户在复杂多变的环境中实现高效的信息共享和协同工作。

ArcGIS 具有 ArcGIS Desktop 桌面数据处理平台、ArcGIS Server 服务器 GIS 平台、ArcGIS Engine 组件开发平台,以及 Arc SDE 空间数据引擎等系列产品。其中 ArcGIS Server 允许以跨企业和跨 Web 网络的形式共享 GIS 资源,通过 ArcGIS Server 将 ArcGIS Desktop 制作的 GIS 资源发布为服务。ArcGIS Server 的 GeoPortal 扩展模块允许用户构建和自定义配置 GeoPortal 网站。GeoPortal 提供了一个用于发布、管理和搜索元数据的界面,从而允许用户发掘可用于制图应用程序的地理空间数据资源。通过 GeoPortal 可方便地实现 GIS 资源的元数据采集、管理和发布。

4) 硬件部署环境

根据系统需求进行硬件部署设计,流域总平台设置 4 台服务器、1 台磁盘阵列、1 套大屏幕显示系统、1 套硬件防火墙系统和 1 台核心网络交换机。四台服务器分工为:一台用于地图服务,配置为 4 路、4CPU、16 核(每个 CPU 4 核)处理器,另外 3 台为普通双路、双 CPU 8 核(每个 CPU 4 核)处理器,分别用于数据库服务、模型计算、网站服务。

4.2.3.5 功能设计

根据对于"数据汇交与信息共享系统"的业务分析,实现存储、查询统计、展现、共享等功能应用及共享服务。数据汇交与信息共享平台功能示意如图 4.2.8 所示。

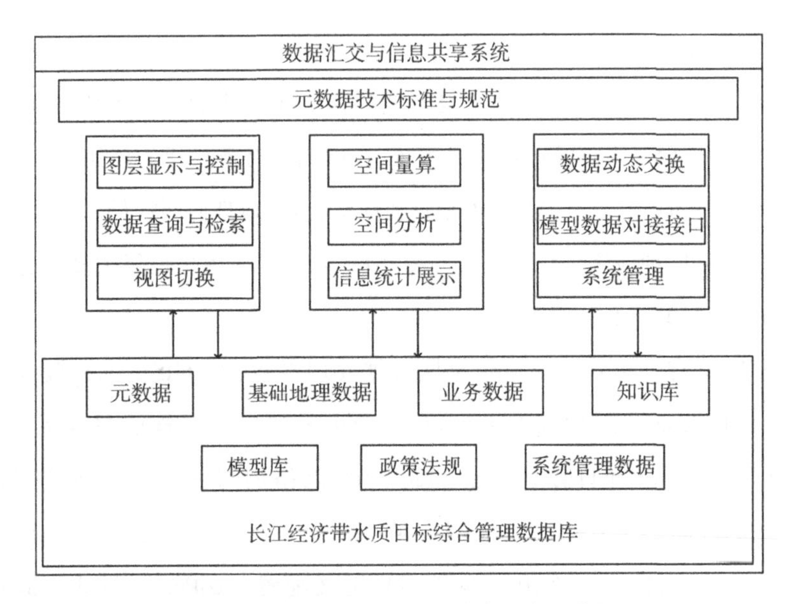

图 4.2.8　数据汇交与信息共享平台示意图

1) 图层显示与控制

系统可以对不同图层进行叠加显示，各图层分别采用点、线、面等矢量数据格式或遥感影像的栅格文件等进行组织，可以实现矢量图形的放大、缩小、漫游，以及栅格图层的漫游、渲染等功能。

2) 空间量算

系统可以进行空间点位测量、距离测量、面积测量，实现任意位置经纬度的查看、任意两点间距离的测量和任意区域面积的量算，如图 4.2.9 至图 4.2.11 所示。

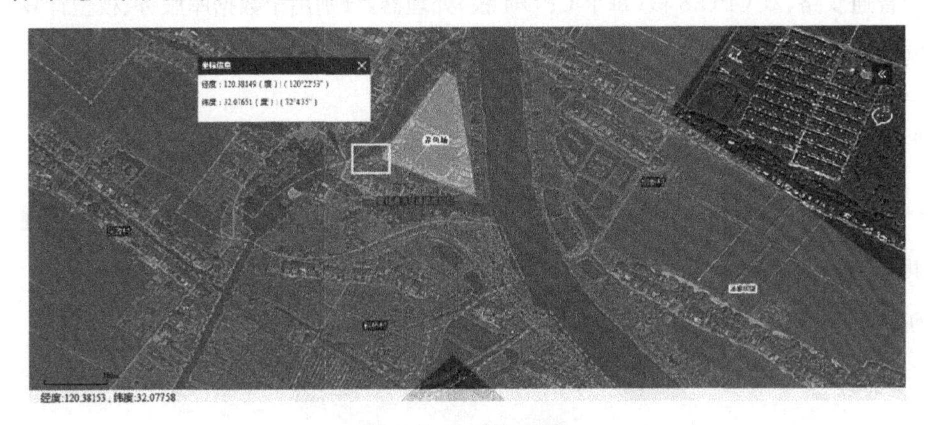

图 4.2.9　点位测量

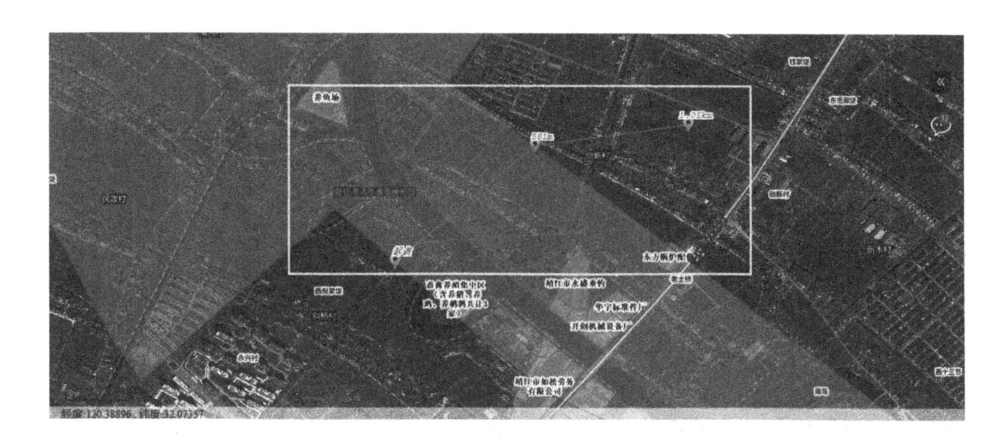

图 4.2.10　距离测量

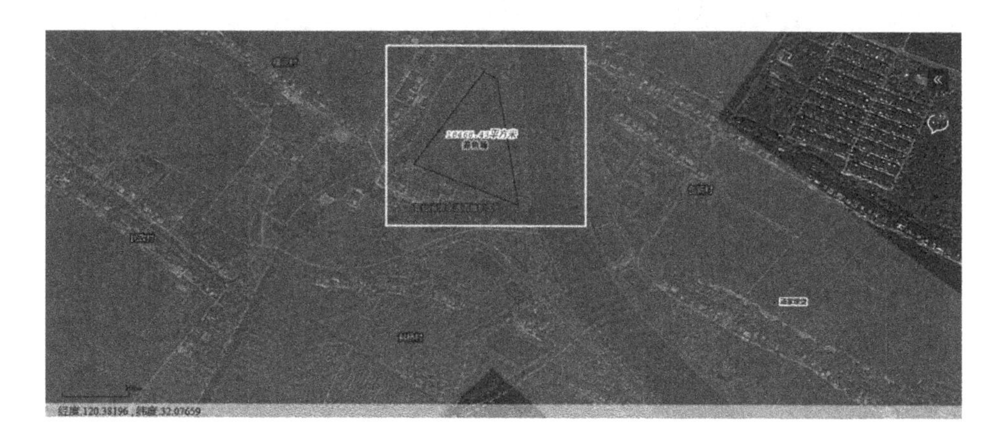

图 4.2.11　面积测量

3）空间分析

系统可以实现断面分析，获取断面上的高程，如图 4.2.12 所示。

4）查询与检索功能

信息查询与检索是 MIS 技术的基本功能，一般的 MIS 技术只限于属性数据的查询，本系统通过 GIS 与 MIS 的结合，可以实现用户同时对空间和属性数据进行方便、灵活、准确的查询与定位。该系统查询功能的表现形式为：数据查询、断面信息查询、导航定位等，如图 4.2.13 至图 4.2.15 所示。

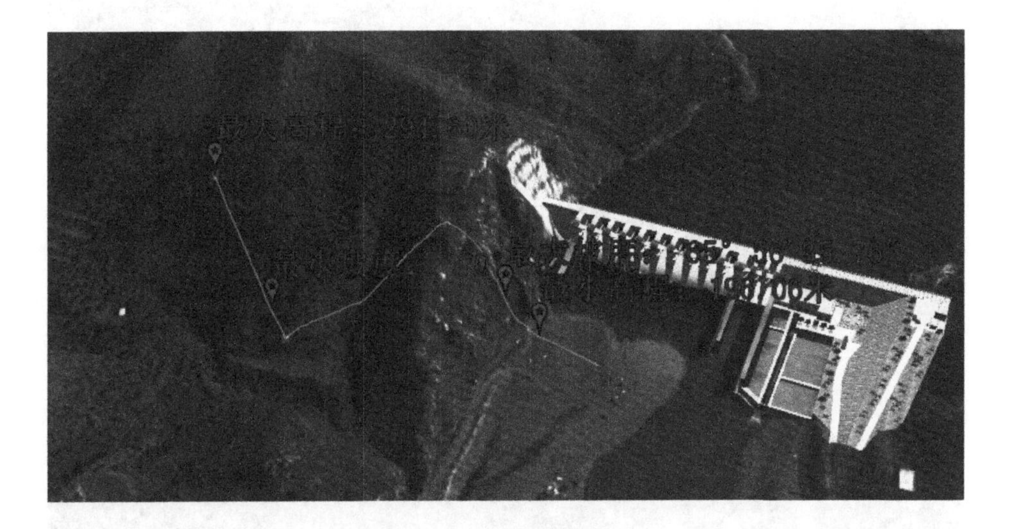

图 4.2.12　断面分析

长江经济带（长江流域）水质目标管理业务化平台　首页　信息共享查询　水生态功能分区　容量总量管理　风险评估与预警　用户名称

当前位置：数据共享/ 技术知识库 / 水质目标管理技术

技术知识库 2045
水质目标管理技术 8
危化品数据库 1883
最佳技术评估 0
基准标准技术 0
水专项成果 164

水质目标管理技术

技术名称　查询　重置

水生态功能分区技术
水环境基准标准技术
水生态承载力技术
容量总量控制技术
水污染防治技术评估
水环境监测监控技术
风险评估与预警技术
湖库型控制单元水质管理技术

图 4.2.13　数据查询

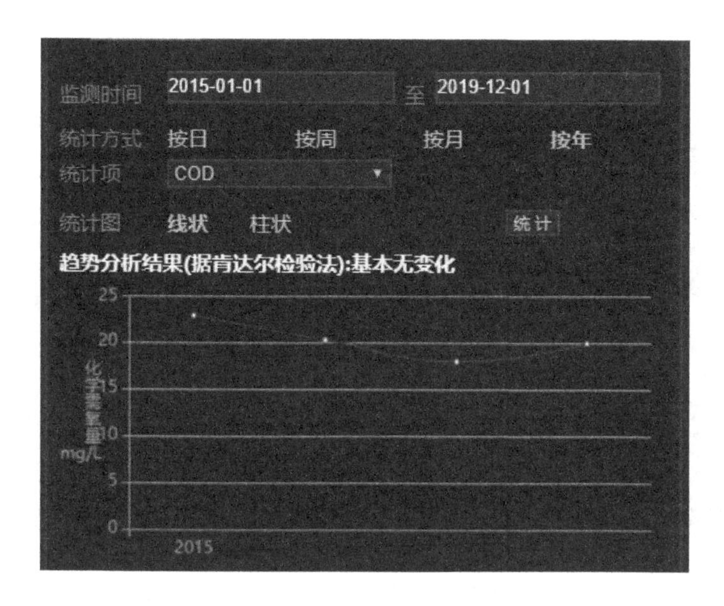

图 4.2.14　断面信息查询

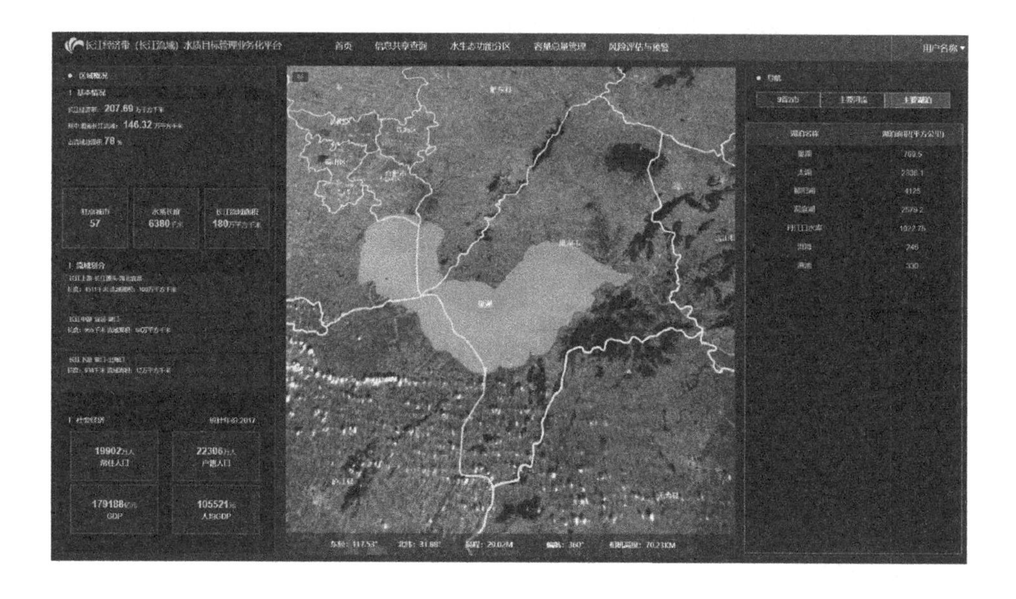

图 4.2.15　导航定位

5）统计报表展示功能

在计算机屏幕上显示，可通过截图打印输出。对于统计、预测、评价等功能，提供了相应的报表和专题图展示，图形有折线图、条形图等，如图 4.2.16 所示。

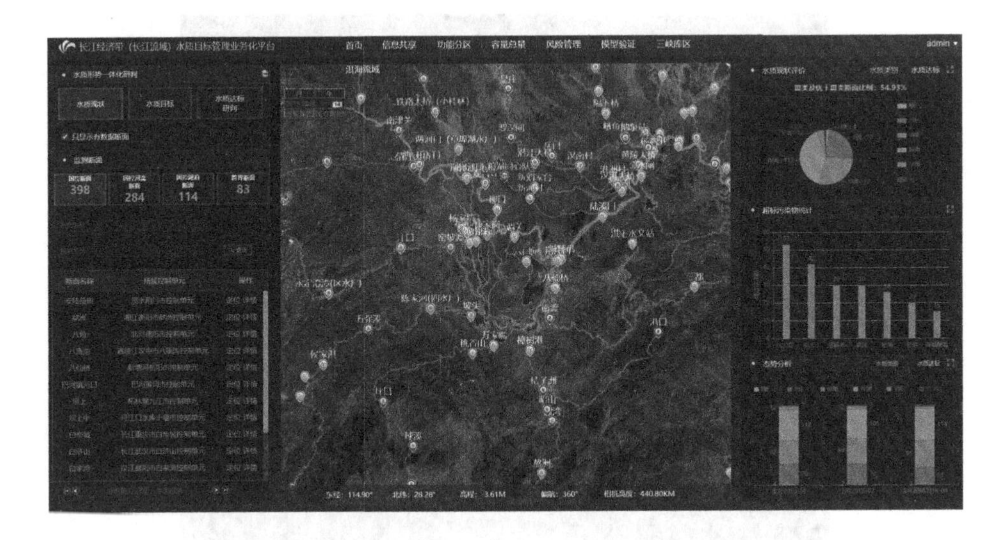

图 4.2.16　信息统计展示效果图

6）共享平台集成与数据动态交换功能

集成其他子系统，预留与其他子系统的数据通信共享接口，可根据数据驱动状态，动态更新本共享系统与其他系统的共享数据，并根据功能设定及时启用通信。例如：本系统为风险预警系统提供风险源定位及必要风险源信息，继而动态获取并展现风险预警模型计算得出的控制断面水质变化过程。

在数据交换中，根据子平台用到的数据与本交流共享系统的数据，开发模型对接接口，从而使不同系统之间可以交换共享数据。各子平台产生的预警信息可以及时存储到本系统数据库中。例如：在突发环境事故演练过程中，系统可以及时调用数据库中的预案信息和案例信息，与当前发生的环境事故进行对比，方便进行快速应急决策。

7）视图切换功能

系统提供高清影像、电子地图、2D 模式、3D 模式的视图切换。

8）系统管理功能

该功能主要完成对属性数据库、空间数据库的管理以及用户管理，其中属性数据库管理模块主要完成监测数据的删除、修改、浏览等操作；空间数据库管理模块主要对底图当前活动层的空间属性进行编辑;用户管理模块负责用户、密码的添加,具有修改以及删除等功能。

4.2.3.6 界面设计

遵循界面设计的原则。

1) 简易性

让用户便于使用、便于了解,并能减少用户发生错误选择的可能性。

2) 用户语言

界面中要使用能反映用户本身的语言,减轻用户的记忆负担。

3) 一致性

界面的结构必须清晰且一致。

4) 清楚

在视觉效果上便于理解和使用。

5) 用户的熟悉程度

用户可通过已掌握的知识来使用界面,但不应超出一般常识。

6) 从用户的观点考虑

想用户所想,做用户所做。可使用户按照他们自己的方法理解和使用。

7) 排列

一个有序的界面能让用户使用轻松。

8) 安全性

用户能自由地作出选择,且所有选择都是可逆的。在用户作出危险的选择时有系统介入的信息提示。

9) 灵活性

简单来说就是要让用户方便地使用。

10) 人性化

高效率和用户满意度是人性化的体现。

系统初始界面显示长江经济带研究区域的分布范围(图 4.2.17)。

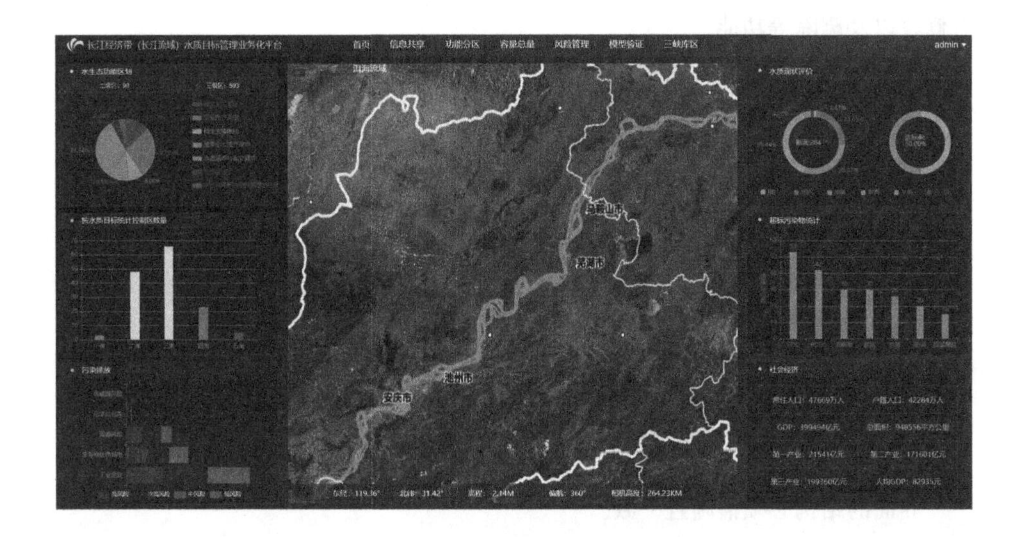

图 4.2.17　研究区域的分布范围

系统三维界面展示效果：基于球体空间模型，叠加矢量图及高分辨率航拍影像的展示效果，如图 4.2.18 所示。

图 4.2.18　系统三维界面展示效果

4.2.4　系统应用实践

4.2.4.1　区域概况

展示长江经济带长江流域基本区域概况，包括流域面积、经济带面积、长江流域划分等。实现区域各县市、驻点城市、长江主要支流和湖泊的导航定位等，如图 4.2.19 所示。

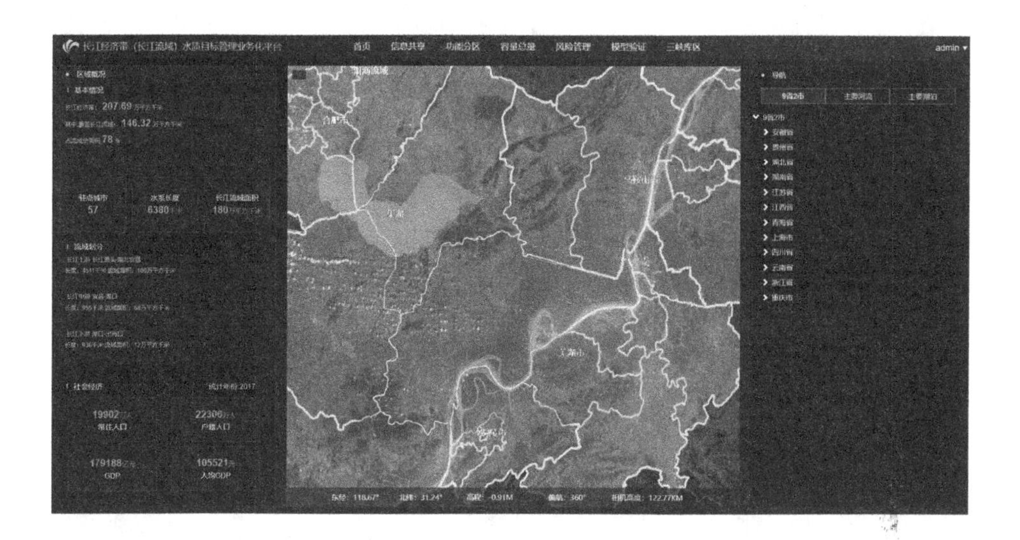

图 4.2.19　区域概况

4.2.4.2　水质专题

1）水质现状

可实现按照月、年对水质现状数据进行地图专题图的空间展示，可按照水质类别和是否达标两种方式进行呈现。

可实现按照月、年对水质现状数据进行专题图统计，可统计不同水质类别站位数量、站位达标情况、各监测指标超标的站位数量，如图 4.2.20 所示。

图 4.2.20　水质类别

2）水质目标

实现 2020 年水质目标地图专题图空间展示及不同目标站位统计和列表展示，如图 4.2.21 所示。

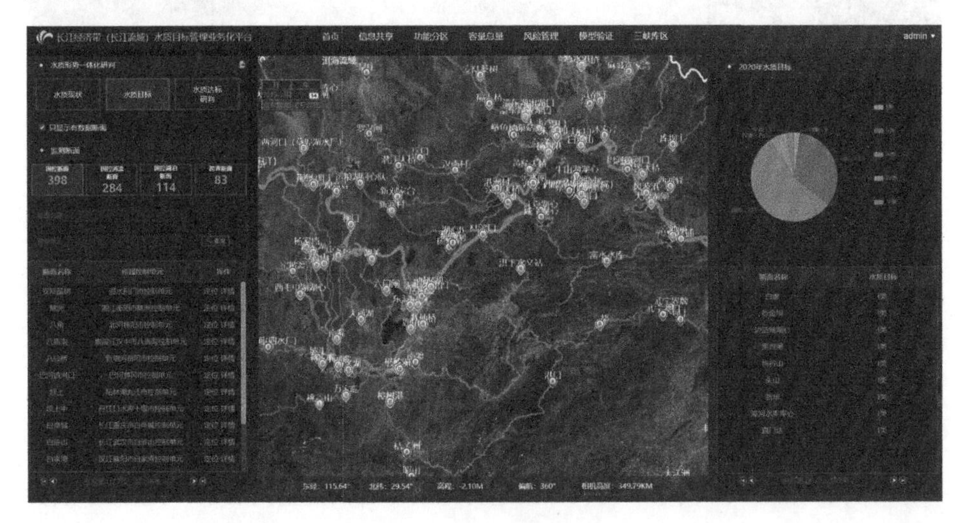

图 4.2.21　2020 年水质目标

3）水质达标研判

根据《长江流域水环境质量监测预警办法（试行）》，对各断面水质情况进行预警，根据预警级别进行地图专题图展示，同时统计不同预警级别的监测站位，如图

4.2.22 所示。

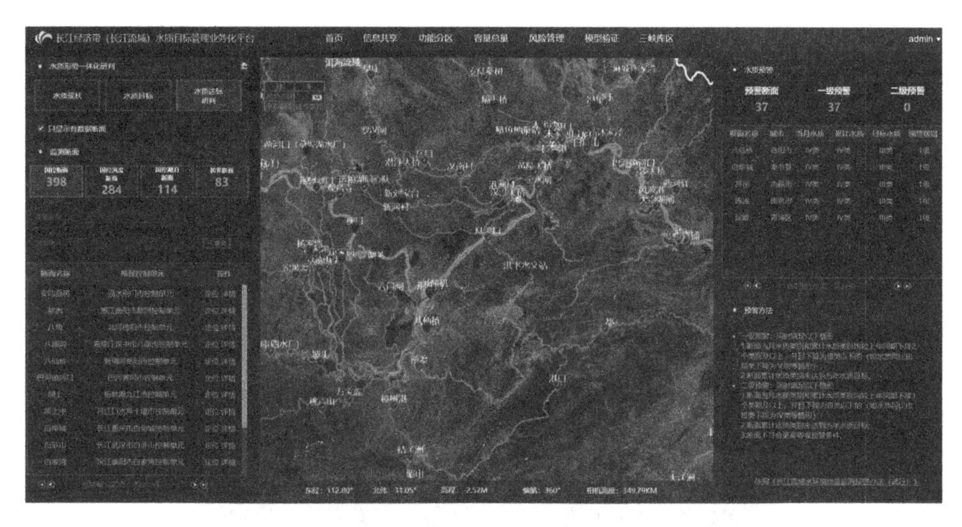

图 4.2.22　水质预警

4）监测断面查询

根据断面名称和控制单元实现对监测断面的模糊查询。或者通过地图上的点选实现断面信息查询，包括断面名称、控制单元、所属河流、驻点城市、水质目标等基础信息，水质类别、超标因子等水质监测现状信息。同时支持按照日、周、月、年对各监测项（pH、COD、氨氮、总磷等）进行详情查看和趋势统计，如图 4.2.23 所示。

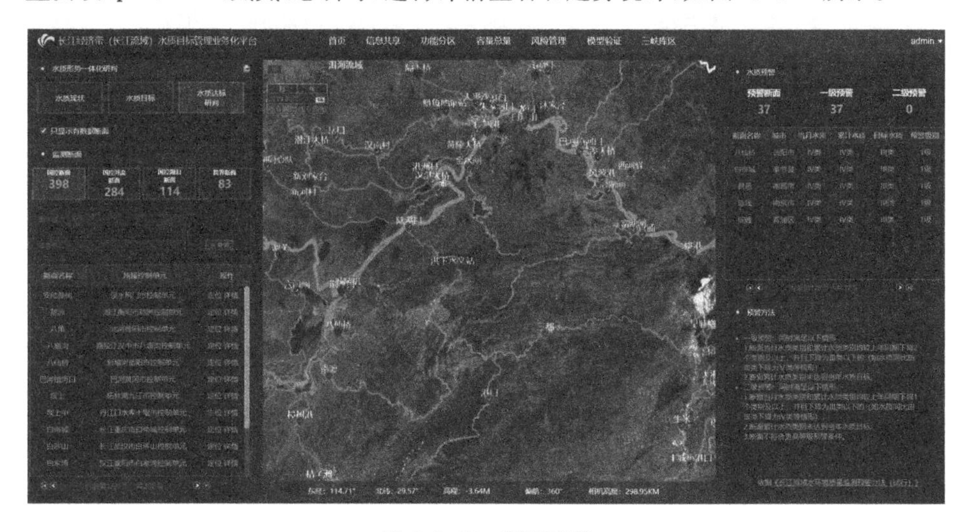

图 4.2.23　断面查询

5）断面趋势分析

可根据肯达尔检验法对断面趋势情况进行分析，如图 4.2.24 所示。

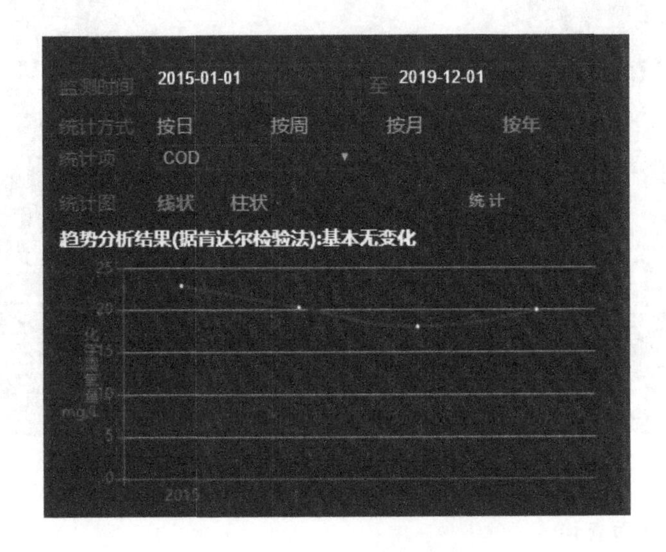

图 4.2.24　断面趋势分析

6）模拟预测

根据 CNN 卷积神经网络算法，对未来趋势进行预测，如图 4.2.25 所示。

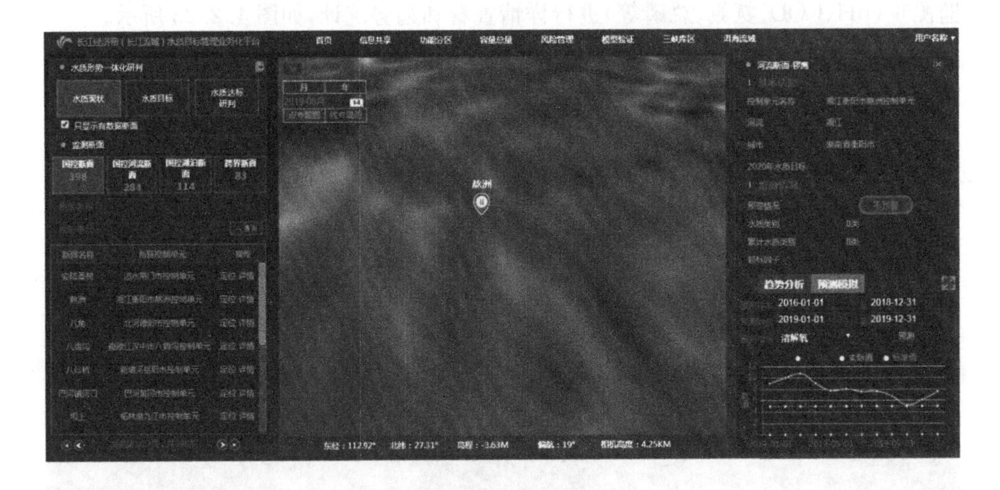

图 4.2.25　模拟预测

4.2.4.3 水雨情专题

1) 水文站

后端动态抓取长江水文网典型站点逐时水位流量数据，实现水文站数据的空间展示及查询定位。可通过水文站名称进行模糊查询。可按照不同周期（日、月、年）对水文站水位及流量数据进行统计，并以专题图及表格形式展现，如图 4.2.26 所示。

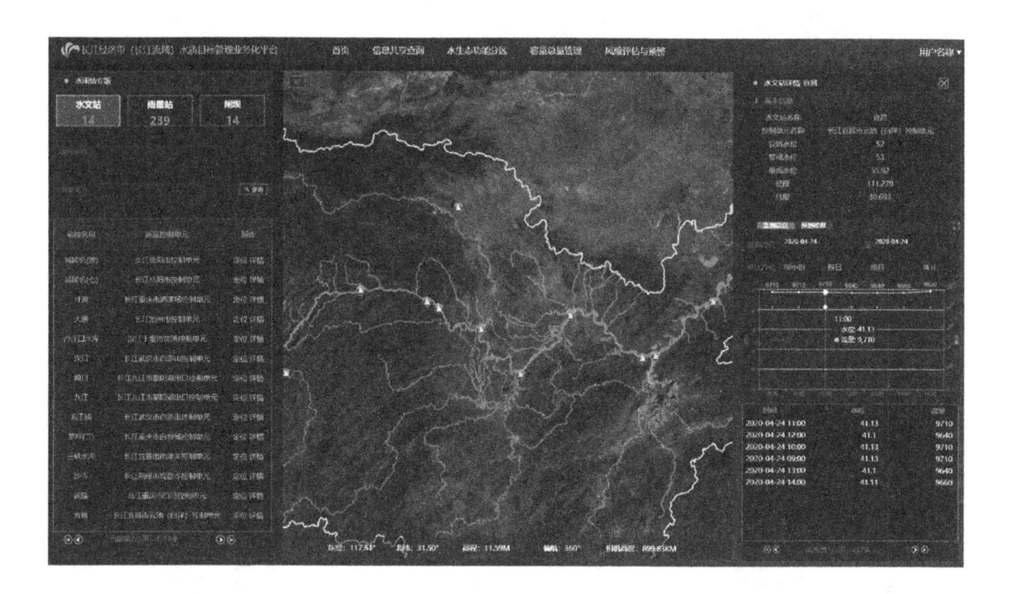

图 4.2.26　水文站

2) 雨量站

实现长江流域雨量站数据的空间展示及查询统计。可通过雨量站名称进行雨量站查询。按照不同周期（日、月、年）对雨量站降雨量数据进行统计，并以专题图及表格形式展现，如图 4.2.27 所示。

3) 闸坝

实现长江流域闸坝数据的空间展示及查询统计。可通过闸坝名称进行闸坝查询。按照不同周期（日、月、年）对闸坝引水量、排水量、闸上水量、闸下数量等数据进行统计，并以专题图及表格形式展现，如图 4.2.28 所示。

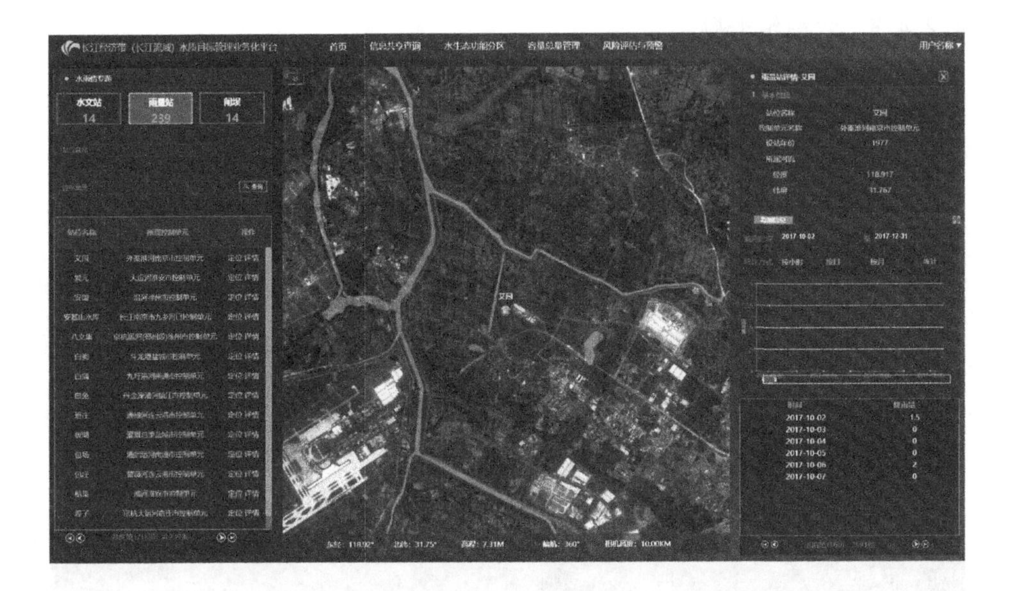

图 4.2.27 雨量站

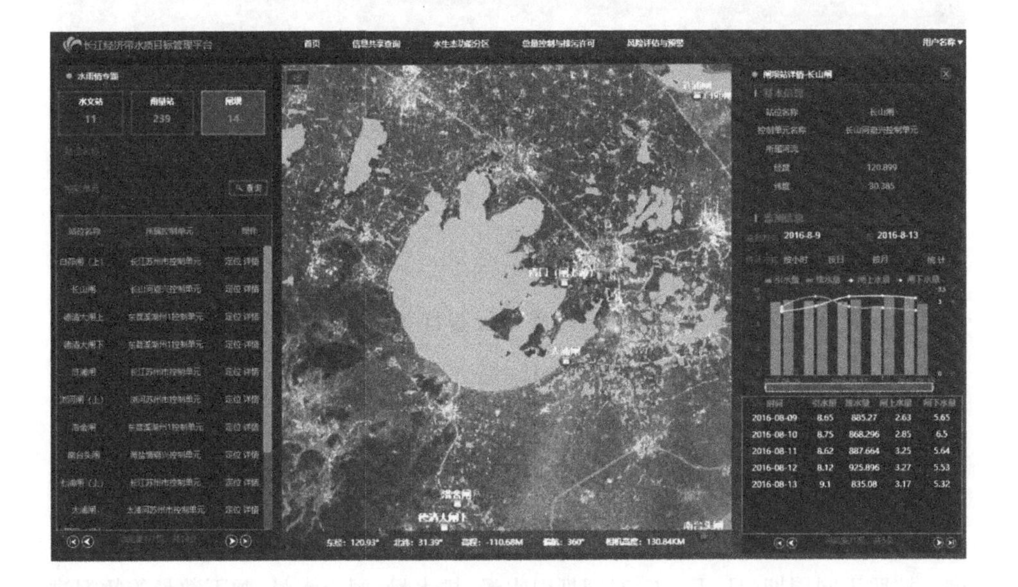

图 4.2.28 闸坝

4.2.4.4　污染源专题

1）工业企业

实现工业企业污染源信息的空间展示及查询统计。可通过工业企业名称进行工业污染源查询。地图点选或列表详情点击可查看工业污染源基本信息及污染监测信息，污染监测信息按照不同的监测项进行统计展示，如图 4.2.29 所示。

2）污水处理厂

实现污水处理厂信息的空间展示及查询统计。可通过污水处理厂名称进行污染源查询。地图点选或列表详情点击可查看污水处理厂基本信息及污染监测信息，污染监测信息按照不同的监测项进行统计展示。

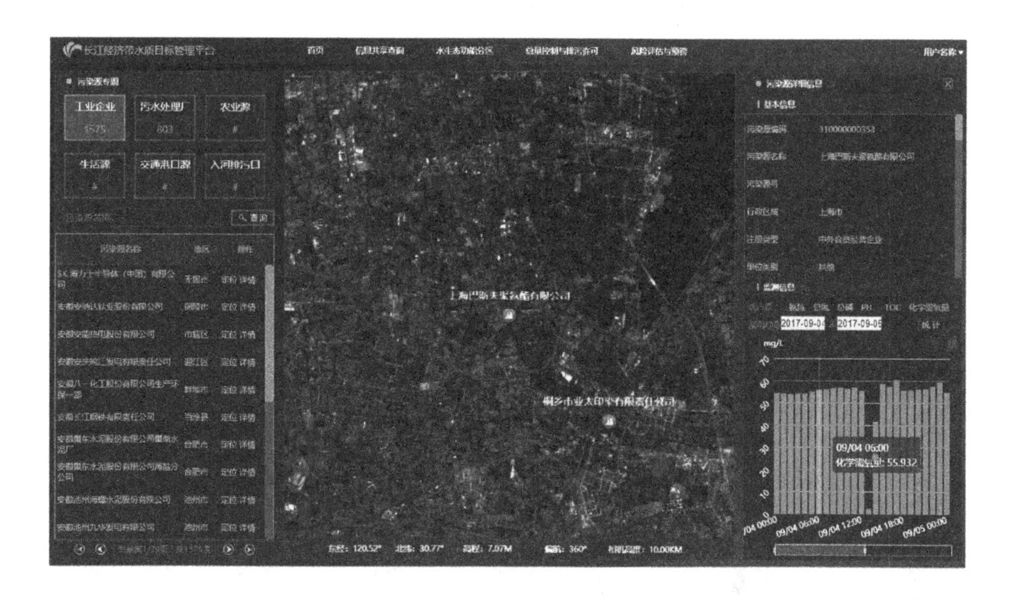

图 4.2.29　工业污染源

3）畜禽养殖场

实现畜禽养殖场信息的空间展示及查询统计。可通过畜禽养殖场名称进行污染源查询。地图点选或列表详情点击可查看畜禽养殖场基本信息，如图 4.2.30 所示。

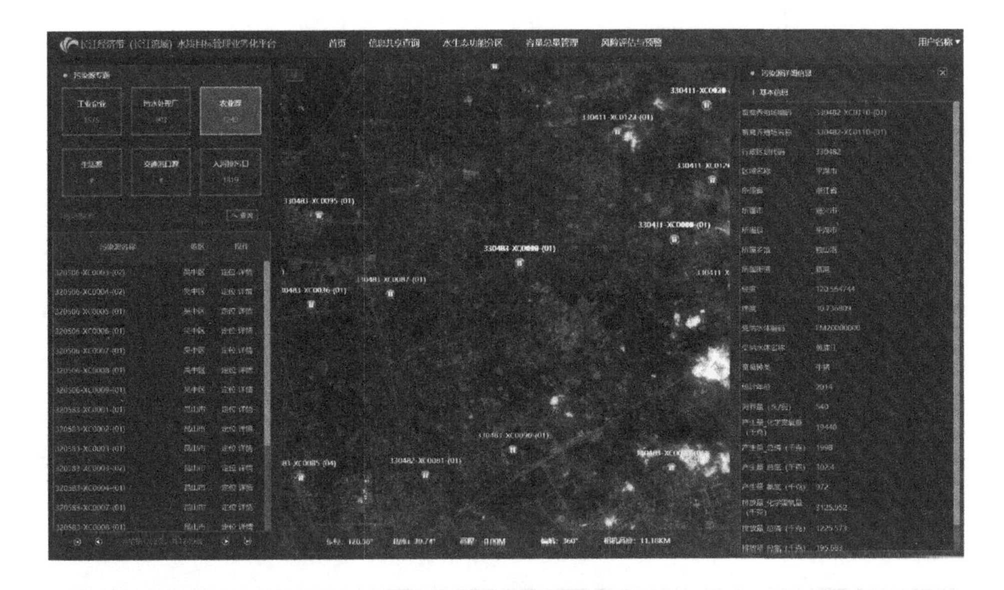

图 4.2.30 畜禽养殖场

4) 入河排污口

实现入河排污口信息的空间展示及查询统计。可通过入河排污口名称进行污染源查询。地图点选或列表详情点击可查看入河排污口基本信息,如图 4.2.31 所示。

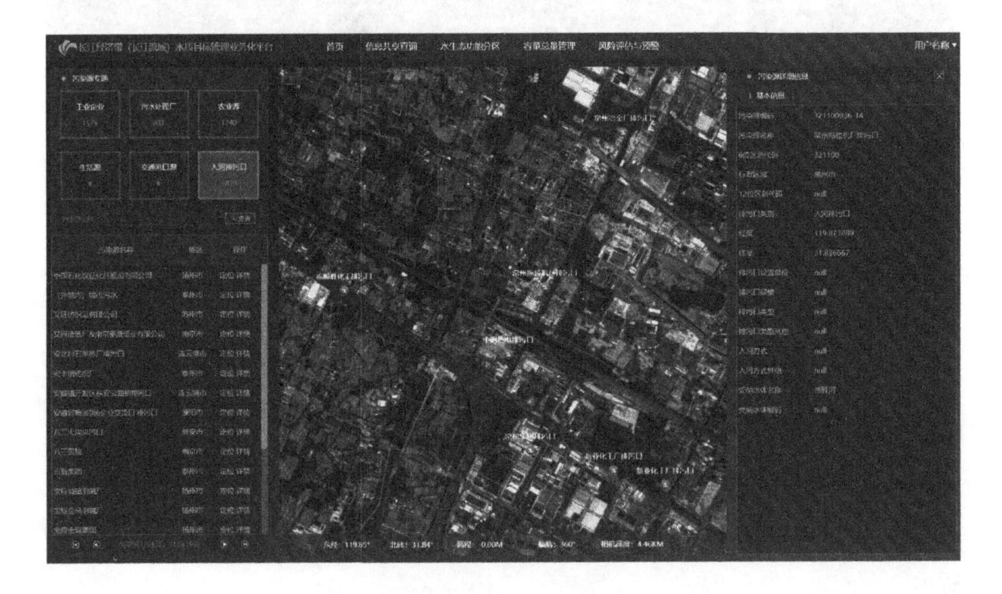

图 4.2.31 入河排污口

4.2.4.5　社会经济专题

收集驻点城市历年社会经济统计数据,包括常住人口、户籍人口、人口密度等人口指标,生产总值、三产分布、人均 GDP 等经济指标,万元 GDP 污染物排放量、单位面积污染物排放量、人均污染物排放量、万元工业增加值污染物排放量等环境经济指标数据。系统支持通过专题图(分层设色、点状图、柱状图)等方式对各指标数据进行地图展示。同时可以通过统计图表对经济指标数据按照年份、区域等进行统计,如图 4.2.32 所示。

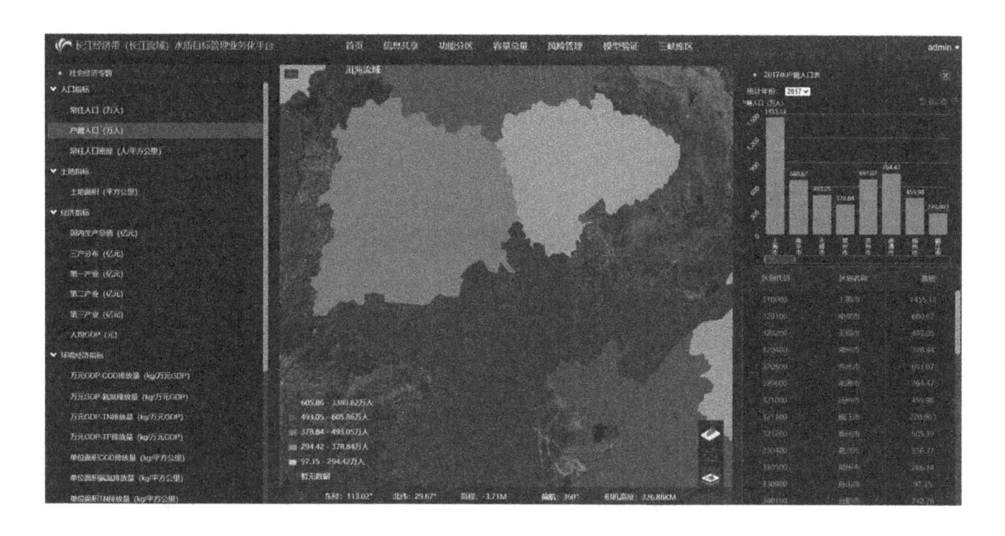

图 4.2.32　社会经济

4.2.4.6　技术知识库

技术知识库通过集成水质目标管理技术、最佳技术评估、基准标准技术、水专项成果以及危化品数据库,实现相关方法技术的快速查询。

1) 水质目标管理技术

水质目标管理技术列表及详情如图 4.2.33 和图 4.2.34 所示。

图 4.2.33　水质目标管理技术列表

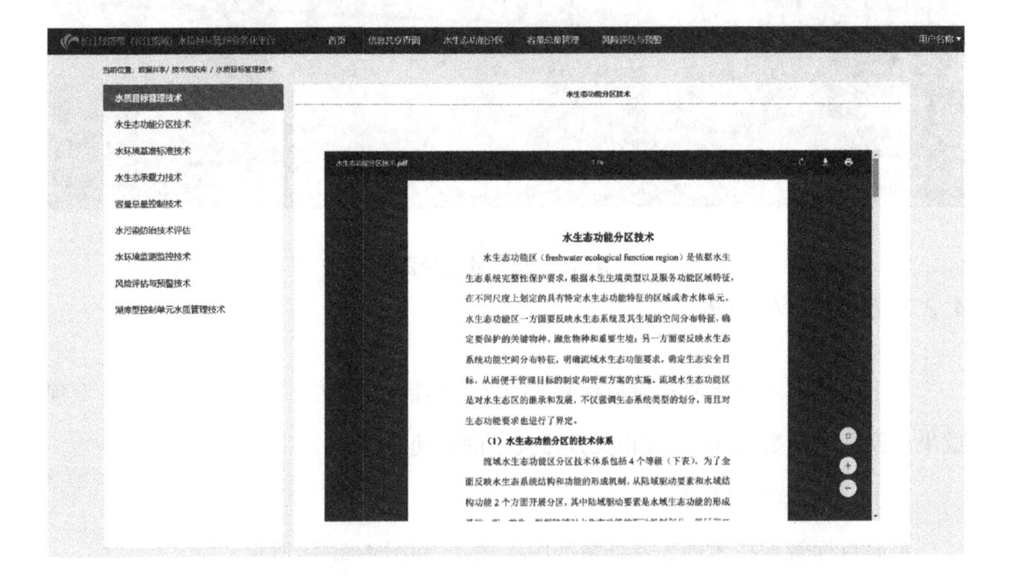

水生态功能分区技术

水生态功能区（freshwater ecological function region）是依据水生生态系统完整性保护要求，根据水生生境类型以及服务功能区域特征，在不同尺度上划定的具有特定水生态功能特征的区域或者水体单元。水生态功能区一方面要反映水生态系统及其生境的空间分布特征，确定要保护的关键物种、濒危物种和重要生境；另一方面要反映水生态系统功能空间分布特征，明确流域水生态功能要求，确定生态安全目标，从而便于管理目标的制定和管理方案的实施。流域水生态功能区是对水生态区的继承和发展，不仅强调生态系统类型的划分，而且对生态功能要求也进行了界定。

（1）水生态功能分区的技术体系

流域水生态功能区分区技术体系包括4个等级（下表）。为了全面反映水生态系统结构和功能的形成机制，从陆域驱动要素和水域结构功能2个方面开展分区，其中陆域驱动要素是水域生态功能的形成

图 4.2.34　水质目标管理技术详情

2）危化品数据库

危化品数据库列表和详情如图 4.2.35 和图 4.2.36 所示。

图 4.2.35　危化品数据库列表

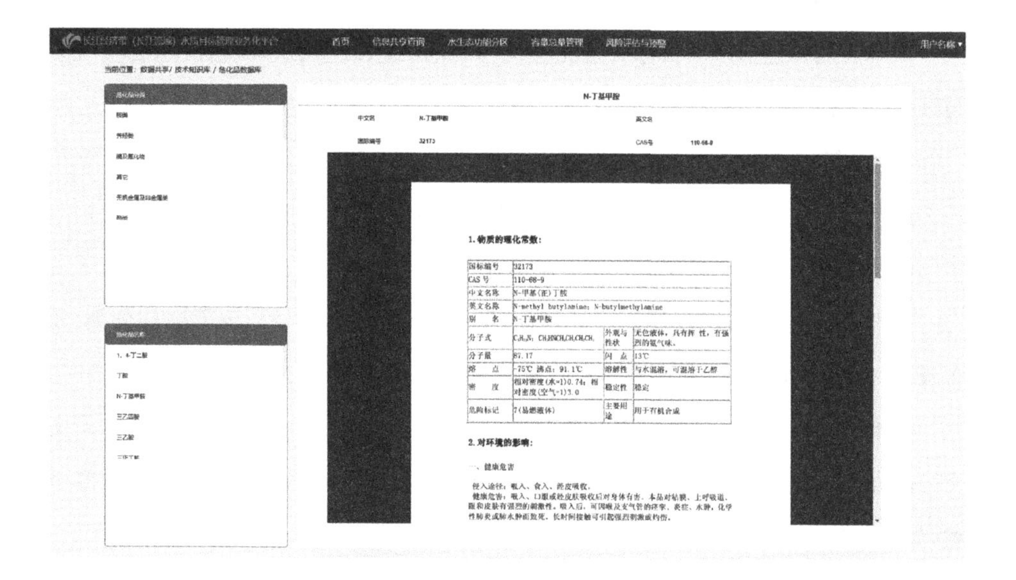

图 4.2.36　危化品数据库详情

3) 技术知识库

技术知识库如图 4.2.37 所示。

图 4.2.37　技术知识库

4) 政策法规库

政策法规库包括水质目标管理相关的法律、法规、政策、水环境标准、各类规划与计划的文档、报告、附件等，如图 4.2.38 所示。支持关键字搜索及高级搜索。

(1) 关键字搜索

用户输入政策法规关键字，可对政策法规进行快速搜索。

(2) 高级搜索

点击高级搜索，可通过政策法规名称、发文文号(标准文号)、政策标准分类、发布级别、发布时间等对政策标准进行高级查询。

政策法规详情展示界面可全方位展示政策、标准详情，包括政策标准名称、发文文号(标准文号)、分类、发布级别、发布时间等。系统支持对政策标准在线查看和下载，如图 4.2.39 所示。

图 4.2.38　政策法规库列表

图 4.2.39　政策法规库详情

5）环境模型库

环境模型库收集、整理了长江上、中、下游不同地区的水环境模型，维度上可划为一维模型、二维模型、三维模型，类别上可划分为水文模型、水质模型、水文水质耦合模型，范围上可划分为干流、支流模型，系统支持通过多维查询条件对各类模型进行查询，如图 4.2.40 至 4.2.43 所示。

环境模型详情展示界面可全方位展示环境模型详情，包括模型名称、模型分类、应用领域、模型简介、模型方案。支持对环境模型进行预览及下载。

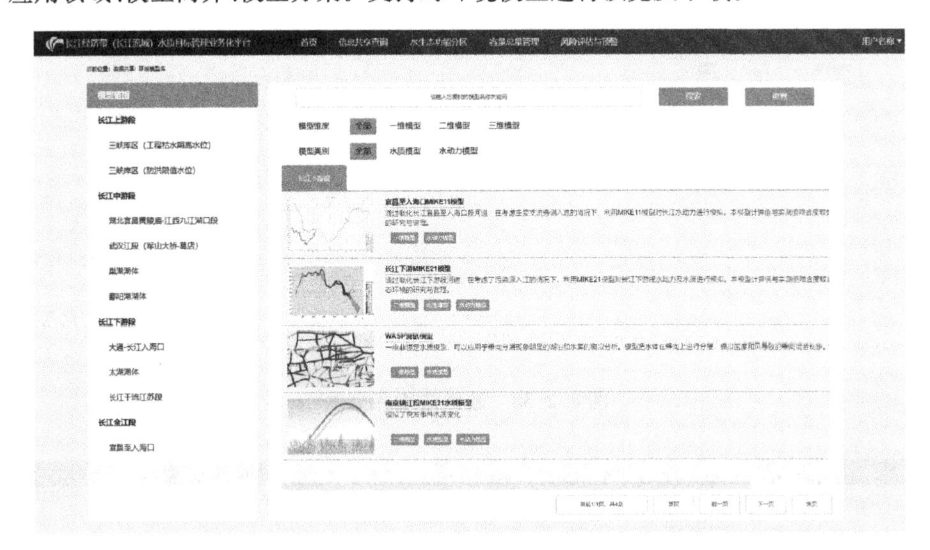

图 4.2.40　模型库列表

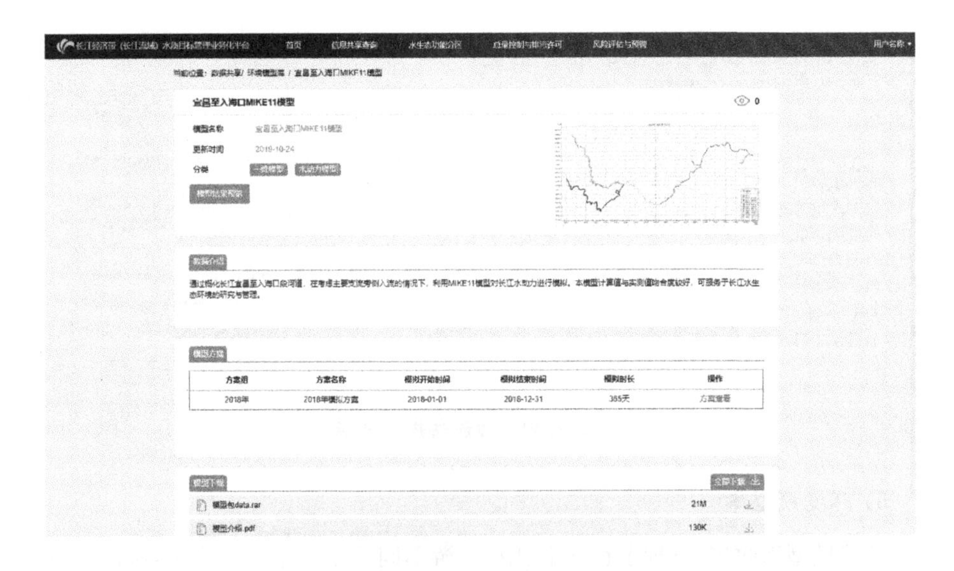

图 4.2.41　模型库详情

图 4.2.42　一维模型模拟

图 4.2.43　二维模型模拟

4.3 功能分区系统

4.3.1 建设目标

本平台在分析水生态功能分区管理系统基本功能组成的基础上，预留成果知识库及系统平台的集成接入接口，实现水生态功能分区的可视化管理。功能分区系统设计界面如图 4.3.1 所示。

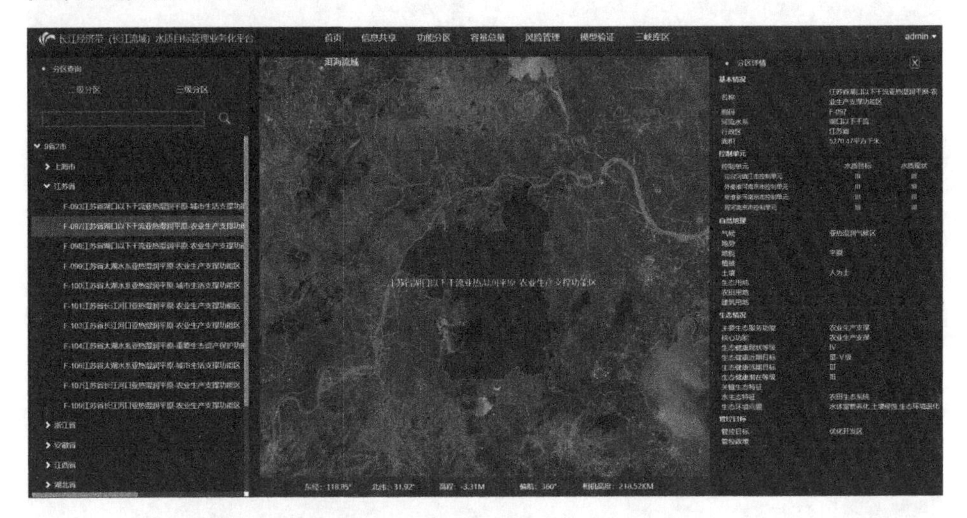

图 4.3.1 功能分区系统设计界面图

4.3.2 需求分析

4.3.2.1 功能需求

水生态功能分区管理系统的主要功能包括三大项：地图展示、分区导航及通过分区类型、生态健康等级等对分区情况进行统计。

4.3.2.2 数据需求

水生态功能分区管理系统数据主要包括水系及土地利用、水生态功能区划、保护区与水源地、基础地理、行政区划及风险源等生态情况信息。

4.3.3 系统设计

4.3.3.1 设计总论

按照水生态功能分区管理系统的内容要求，该系统需要实现水生态功能分区地图展示、分区导航及水质类型、水质目标等信息的统计展示，并进行功能上的有效集成。

1）编码原则

根据国家及行业的信息数据项、信息分类编码标准和相关技术标准，采用统一的数据项标准和信息分类编码标准。

2）系统技术路线

采用 B/S 结构，是基于面向访问体系结构的信息管理方式，与传统的数据和内容管理方法相比，最关键的区分标志是它可以为在合适的时间、合适的地点为有正当理由而需要它的任何用户提供服务。基于 SOA 的信息管理具有以下优点：

(1) 允许系统的 IT 资产复用。数据建模、映射以及转换功能是最复杂并且是最消耗资源的流程。点对点信息集成则不容易导致 IT 资产的复用；

(2) 开发速度快，并且减少了开发和维护的费用；

(3) 使用更大的成本效益来提高数据和内容连接性和互用性；

(4) 创建了附加的基于完全集成化信息的业务模式；

(5) 保护用户在信息管理方面的投资；

(6) 简化了企业计算模型的总体复杂度。

元数据是关于数据的数据，是以计算机系统能够使用与处理的格式存在的、与内容相关的数据，它是对内容的一种描述方式。通过这种方式，可以表示内容的属性与结构信息。元数据分为描述元数据、语义元数据、控制元数据和结构元数据。通过元数据与原始内容分离技术，单独对元数据进行处理，从而简化了对内容的操作过程。语义元数据与结构元数据，还可根据用户的实际需要，被用于内容的检索和挖掘。

在内容管理中，通过对元数据的分析提取，可构建面向客户内容管理的通用数据模型，以适应客户不断变化的需求，达到提升信息价值的目的。

如图 4.3.2 所示的元数据模型可以方便地支持 XML 文件向内容管理数据模型的转换。在描述不同内容之间的关系时，准许用户在初始模型建立时或者在使用过程中随时建立链接、数据表外键和引用属性。

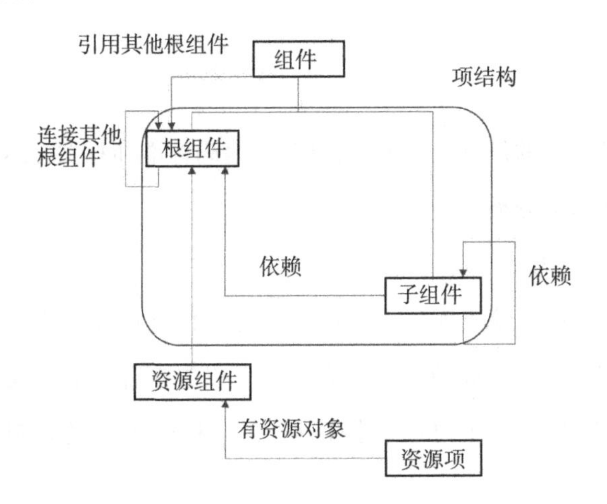

图 4.3.2　元数据数据模型

客户应用系统，通过访问索引服务器和资源服务器的元数据对象，在相关模型和知识库的辅助下，实现数据检索和挖掘。

3) 基于 WebGIS 技术

WebGIS 是基于 Internet/Intranet 的 GIS 技术。用户可以通过 Web 浏览器浏览 WebGIS 站点中的空间数据，制作专题图，以及进行各种空间检索和空间分析。WebGIS 具有以下的优点：

(1) 更广泛的访问范围；

(2) 独立的平台;

(3) 可以大规模降低系统成本;

(4) 操作简单。

4.3.3.2 功能设计

各功能模块是应用系统完成业务处理与管理的、对用户透明的核心应用软件。功能模块的设计应遵循正确、可靠、高效以及可维护、可扩展、开放性好等原则,实现各种业务信息数据的传输、维护、查询、计算、统计、显示和报表等全部应用功能需求。系统划分采用组合分类方法:子系统的划分根据业务的“信息流”思想,采用功能划分方法进行划分;子系统中的模块按照信息处理性质进行系统划分,采用过程划分方法进行划分;某些模块的划分根据业务处理的逻辑顺序,采用逻辑划分方法进行划分。系统采用组合分类方法后,系统的联结形式好、可修改性好、可靠性高、紧凑性好。

1) 地图展示

系统实现水生态功能分区,二级、三级分区的地图展示,可以实现矢量图形的放大、缩小、漫游。

2) 分区导航

系统可直接通过导航树或模糊查询的方式,快速定位到指定二级分区、三级分区,如图 4.3.3 所示。

3) 分区信息统计展示

通过数据挖掘分析技术实现通过分区类型、生态健康等级等对二级、三级分区情况的统计及展示,如图 4.3.4 所示。

4.3.3.3 界面设计

应用系统是否好用直接取决于用户界面的设计,因此为用户提供统一的、一致的、便于使用的用户界面是我们的重要关注点,也是使系统能得到用户认可的基本保证。

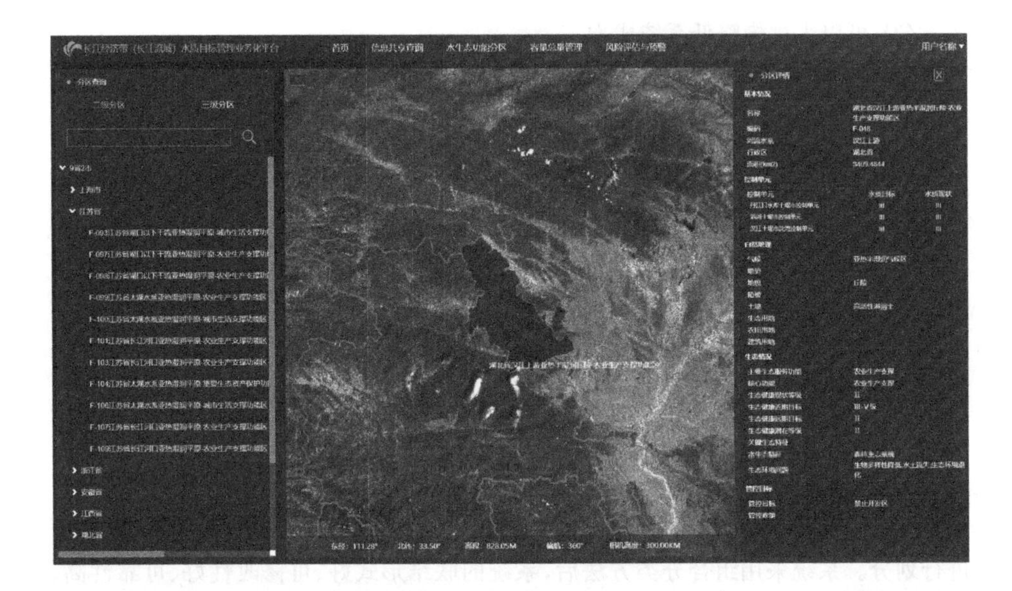

图 4.3.3 分区导航

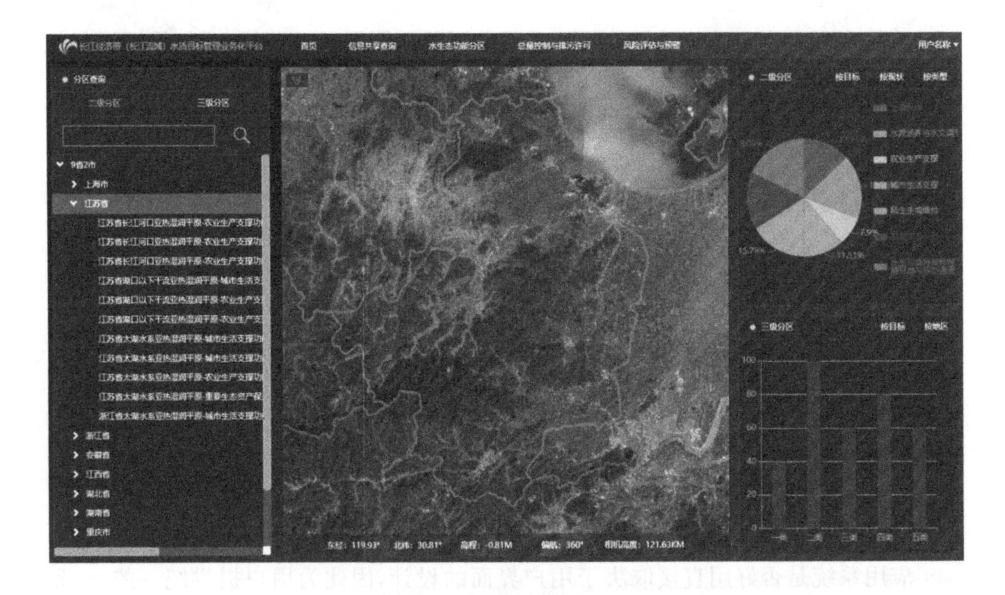

图 4.3.4 统计展示

用户界面设计是软件设计中的一个重要环节，因为用户对应用软件的认识就是从界面开始的，用户的对软件的使用也是在界面上进行的，因此界面的设计好坏直接关系到软件的使用方便性、友好性和易操作性。除此之外，一个好的用户界面设计能帮助使用者更好地理解自己所做的工作，能减少对使用者的培训时间和培训费用，能减缓使用者的工作疲劳，提高工作效率。

用户界面应该适应不同水平的人员操作使用，让操作者能在较短时间内熟悉和掌握各种功能的使用方法。系统用户界面如图 4.3.5 所示。

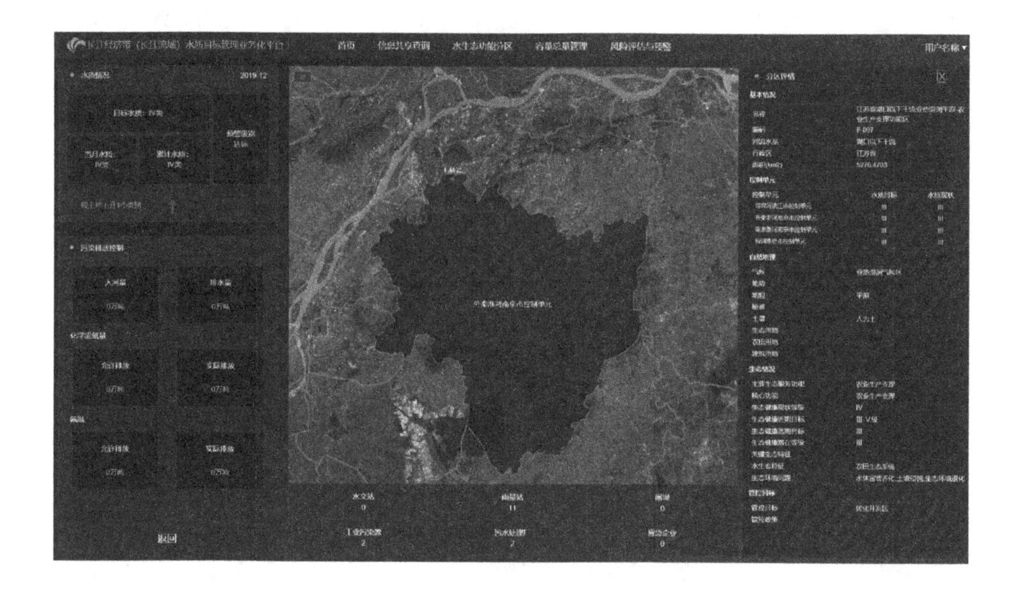

图 4.3.5　用户界面

4.3.4　系统应用实践

4.3.4.1　二级分区

实现水生态功能二级分区的地图展示及分区导航。可直接通过导航树或模糊查询的方式，快速定位到指定二级分区。二级分区详情包括分区名称、分区类型、面积等基本信息，同时包含三级分区信息，气候、地貌、土壤、植被等自然地理信息，主要生态服务功能、生态健康现状等级、目标等级等生态情况信息，如图 4.3.6、图 4.3.7所示。

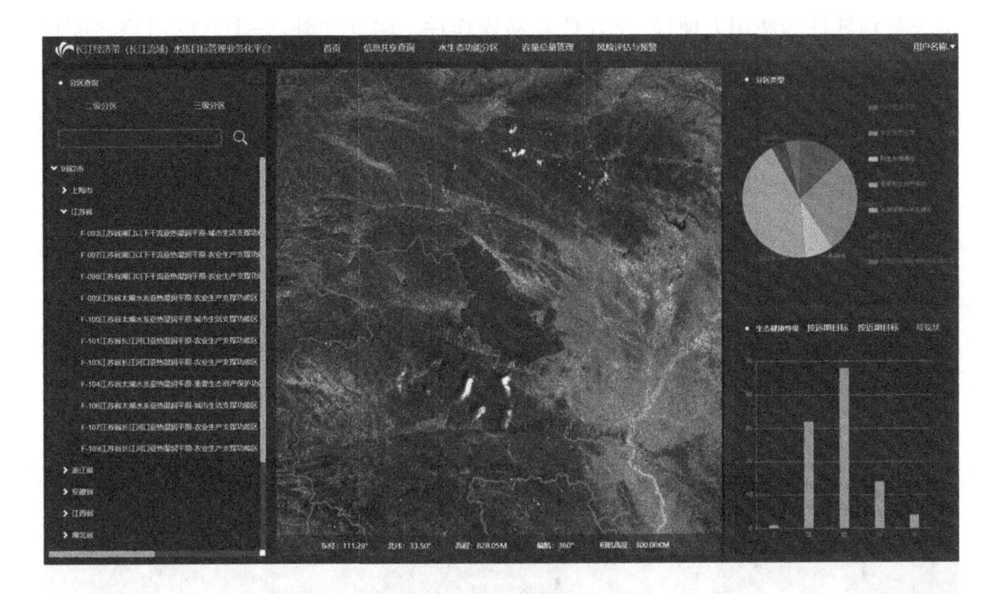

图 4.3.6　二级分区概览

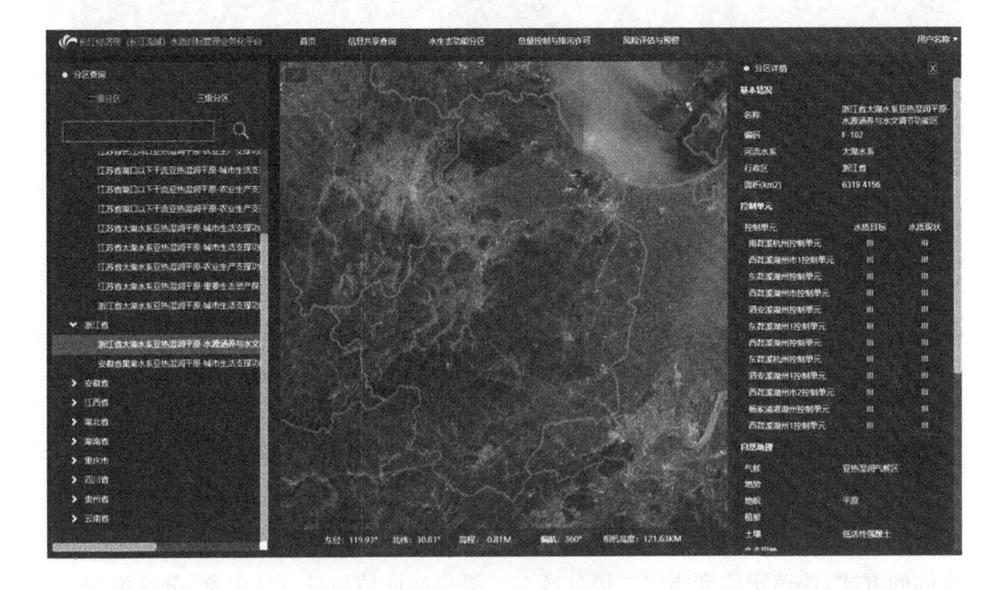

图 4.3.7　二级分区详情

支持通过分区类型、生态健康等级等对二级分区情况进行统计。

4.3.4.2　三级分区

实现水生态功能三级分区的地图展示及分区导航。可直接通过导航树或模糊查询的方式，快速定位到指定三级分区。支持通过分区类型、水质目标等级等对三级分区情况进行统计，如图 4.3.8 所示。

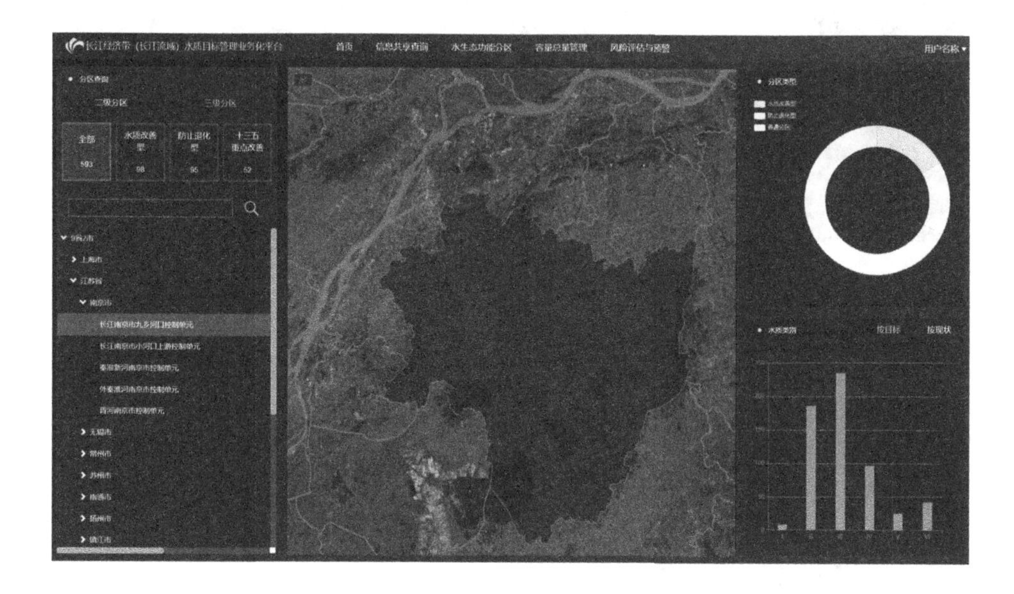

图 4.3.8　三级分区概览

三级分区详情包括分区基本信息，控制单元、控制断面水质监测情况，污染排放控制情况（入河量、排水量、允许排放量、实际排放量）。同时支持控制分区关联分析，查询控制单元关联的水文站、雨量站、闸坝、工业污染源、污水处理厂、应急企业等信息，如图 4.3.9 所示。

图 4.3.9　三级分区详情

4.4　容量总量系统

4.4.1　建设目标与任务

4.4.1.1　建设目标

构建集监控与通量计算、容量总量核算、排污许可为一体的污染物总量核算及排污许可系统。

4.4.1.2　建设任务

该系统主要实现以下任务内容：

水环境数学模型：水动力模型和水质模型是水环境监控与总量核查系统的核心模块。水动力和水质模型是随着计算机科学、水利、生态、环境科学的发展而逐步发

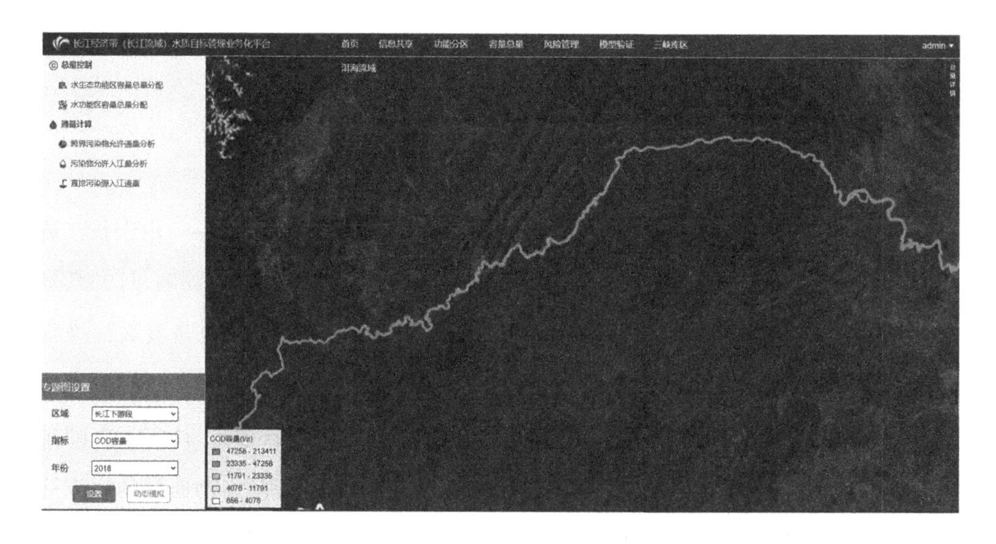

图 4.4.1　容量总量系统设计界面图

展起来的，模型通过一系列数学方法来描述污染物质随着人类影响在自然界中迁移、转化的过程。平台紧紧围绕着水质模型、管理数学模型，设置模型的输入输出、运行模型以及对模型结果进行后处理等操作。

水环境数据交换平台：本项目中涉及的系统平台主要有区域环境自动在线监测系统、污染源普查数据等，涉及数据以工业企业等点源信息为主，污染源普查数据也涉及一些农村生活污染等非点源统计信息。其中在线监测系统主要提供工业等点源的在线监测数据，包括废水和污染物的实时监测数据、小时平均数据等。而污染源普查数据主要包含企业信息、废水和污染物的年排放量以及生活污水排放信息等。在工业点源方面，以上数据库可能有重复的情况，需要对两个数据源进行比对和校核。

水环境总量核算及排污许可系统包括：集成通量测算及监控体系；集成基于容量总量核算的排污许可。

系统配置管理包括：数据不断更新、编辑、维护工具，还有系统权限及配置发布管理等。

4.4.2 需求分析

4.4.2.1 环境管理需求

污染物总量控制和减排,是长江流域环境污染治理的核心任务之一。由于长江流域面积巨大,涉及多个省市,加之水文条件复杂,流域重点控制断面污染物通量,尤其是入长江污染物通量和断面通量的准确核算是当前面临的巨大难题,也是流域污染物总量控制和减排目标实现的关键环节。为配合这一目标的实现,需要高效的流域污染物总量核算与监控系统,通过系统核算不同行政区污染物的排放量,认定污染减排的效果,为区域污染减排的绩效考核提供依据,也为区域间基于污染物通量的生态补偿提供基础数据。污染物容量总量核算及分配,为区域水质目标管理提供技术支持。

4.4.2.2 功能需求

主要功能包括:监控与通量计算、容量总量核算、排污许可、查询统计、系统设置等。其中,监控与通量核算功能是核心,查询统计功能用于展示,系统设置功能为后台支撑。容量总量核算功能以监控数据为基础,基于水环境数学模型进行计算统计,并在查询统计功能中反映出来。

4.4.2.3 数据需求

为实现对断面污染物通量的核算,需要多种类型的数据提供支撑。主要包括环境基础数据(如环境功能区划、土地利用、社会经济、地形图、数字地图等)、污染源数据(工业源、生活源、农业面源等)以及水文水质监测数据等。相关数据可通过平台中的数据汇交与信息共享系统获取并上传。

4.4.3 系统设计

4.4.3.1 水环境数据交换设计

由数据汇交与信息共享系统提供本系统自动在线监测系统、污染源普查数据所需的统计分析数据。为保证数据的通用性，本系统将建立独立的数据交换引擎，对多源异构数据库进行定制化的数据同步开发，支持常规数据和随机数据两种交换。如为累积性风险提供数据接口，自动或手动从污普、在线监测、面源数据等数据库中交换审核后的数据用于统计分析及模拟展示；同时也可提供或者调用其他系统的数据交换接口或从数据库中抽取数据，提供随机交换。为保证数据传输的安全性和可靠性，系统为传输数据提供压缩、加密、断点续传等功能，并可利用多种技术提供故障恢复服务，保证数据发送、接收的完整性。

除从自动在线监测系统和污染源普查数据获取污染源和水质监测数据外，本系统还将提供区域环境监测与信息管理系统，如站位信息和数据、水质自动监测数据就可从现有的监测与信息管理系统中获得。由于需要与多个系统间进行数据交换，本系统支持一点多发，可以实现数据在多个应用系统中同时交换。此外，也支持从各种主流数据库、其他系统提供的接口、其他系统中的数据交换平台、文件等数据源中自动抽取数据和交换数据。

整个水环境数据交换平台的建立，将充分考虑其应用的灵活性和可扩展性。组件的设计和数据结构设计采用先进完整的规范，并支持二次开发，用户可以通过二次开发实现新数据的交互。

4.4.3.2　功能设计

1）水功能区容量计算

基于 MIKE21 模型对水环境生态分区的环境容量进行计算，并将计算结果以分层设色专题图形式进行展示。历年计算结果支持不同时间段的展示。

将历年各分区的水质现状计算结果导入系统，计算不同年份的污染物削减量情况。

水功能区水环境容量是指在设计水文条件下，满足计算水域的水质目标要求时，水体所能容纳的某种污染物的最大数量。其大小与水体特征、水质目标及污染物特性有关，通常用单位时间内水体所能承受的污染物总量表示。水环境容量计算时还要考虑水功能区现状水质、现状污染物入河排放量、污染物削减程度、社会经济发展水平、污染治理程度及其下游水功能区的敏感性等因素，根据从严控制、未来有所改善的要求，最终确定该区域水环境容量。

项目基于河网区河流功能达标、排污口混合带约束、控制断面达标及入湖口排污带面积控制等多个目标的水环境容量计算体系。该体系包括四个模块：输入、数值模拟、数据处理及结果输出模块，如图 4.4.2 所示。总量结果查询如图 4.4.3 所示。

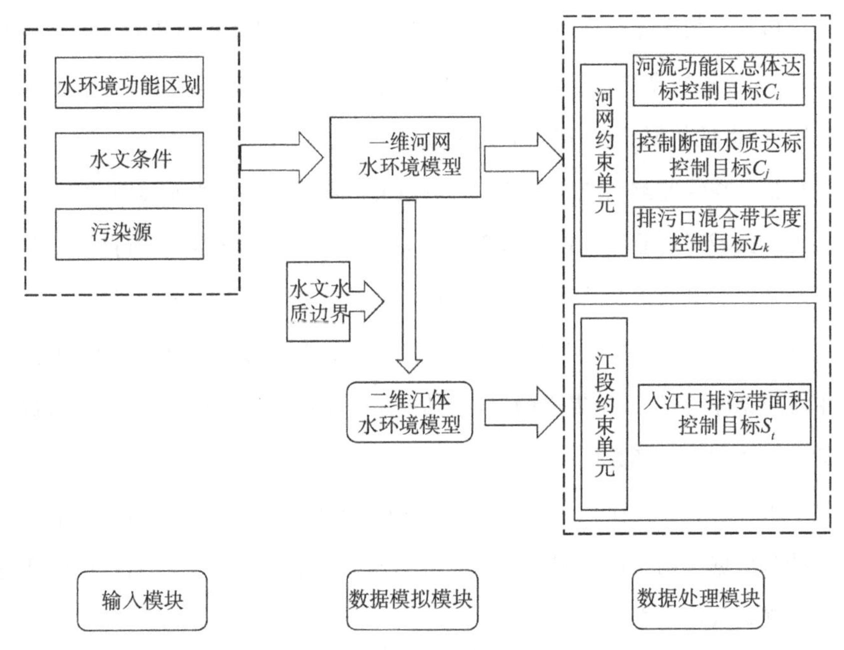

图 4.4.2　多目标水环境容量计算体系

控制单元容量总量分匹配

控制单元 [　　] 查询

控制单元	COD(t/a)			氨氮(t/a)			总磷(t/a)			操作
	容量	实际排放	削减	容量	实际排放	削减	容量	实际排放	削减	
白屈港无锡市控制单元	7537	8286	749	768	1256	488	115	222	107	修改
白石天河合肥市控制单元	40310	45345	5035	5169	5814	645	718	808	90	修改
北横引河上海市七效港西桥控制单元	24885	22223	-	3191	2850	-	444	396	-	修改
北横引河上海市前卫村桥控制单元	15396	16045	649	1974	2057	83	274	286	12	修改
采石河马鞍山市控制单元	20363	16474	-	2611	2112	-	363	294	-	修改
漕桥河常州无锡控制单元	16709	9783	-	1425	1581	156	226	205	-	修改
长江马鞍山市控制单元	55950	53836	-	7174	6903	-	997	959	-	修改
长江南京市九乡河口控制单元	58858	33330	-	7976	5382	-	1092	628	-	修改
长江南京市小河口上游控制单元	20046	34710	14664	2484	5605	3121	349	654	305	修改
长江南通市控制单元	60493	34818	-	5746	5202	-	877	642	-	修改

当前1/14,共138条

图 4.4.3　总量结果查询

2）主要入江支流断面通量计算

基于断面实时监测结果，运用污染容量计算方法，计算得出断面污染物实时通量值并进行显示。

系统支持按照降雨量及断面浓度或各污染物负荷计算入江通量。将不同月份或不同年份数据导入系统，统计不同时间段的断面通量。

（1）污染通量计算方法

通量核算：$W = C_i \times Q_i$

超标通量核算：$W_{超} = (C_i - C_s) \times Q_i$

式中：W 为污染物通量，$W_{超}$ 为超标污染物通量，C_i 为污染物浓度，Q_i 为监测流量，Cs 为水质标准。

通过相应系统耦合计算，可显示每个断面通量及超标通量计算结果（包括数据图示与列表两种显示方式），建议通过光标移动至对应断面并单击动作实现，如图4.4.4所示。

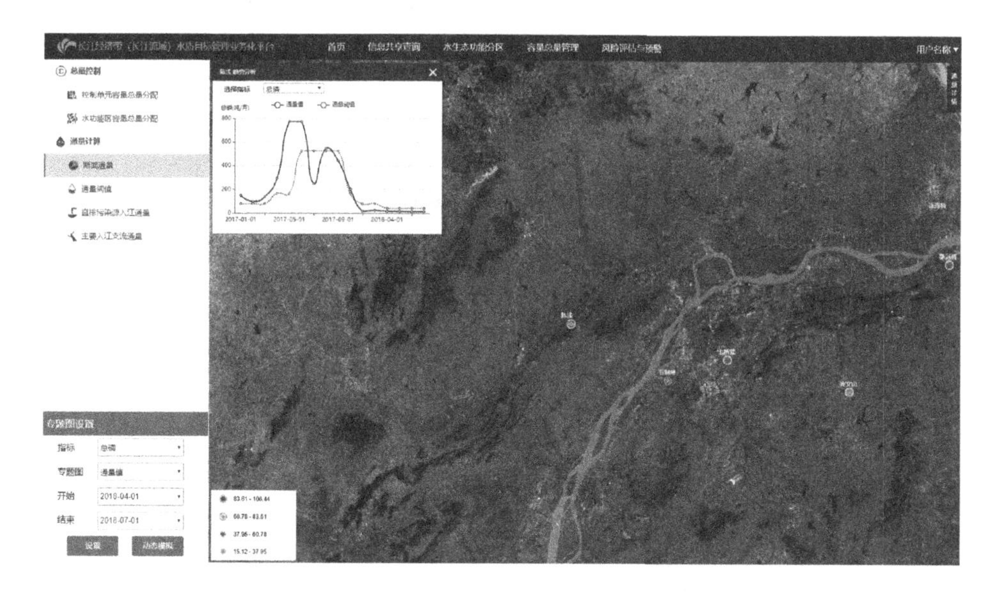

图 4.4.4　通量计算

(2) GIS 地图上的演示

根据通量核算的结果以及日常水质模拟的结果，按照时间变化，对敏感水体进行不同的渲染，以在图上直观地表达日常水质变化，如图 4.4.5 所示。

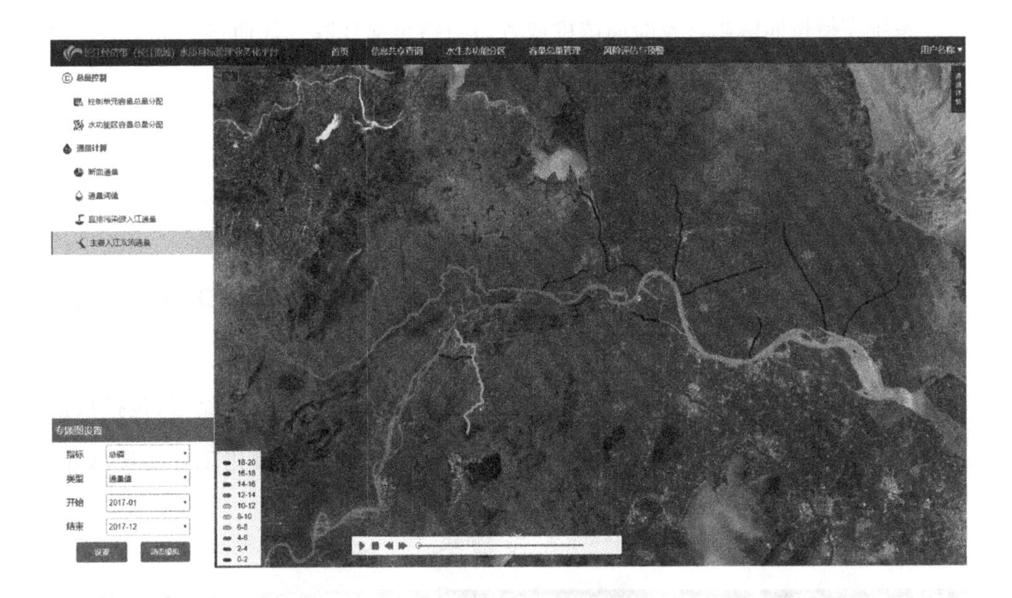

图 4.4.5　通量模拟

(3) 关键点的快速统计

系统提供以点击图上关键点的方式，对关键点的模拟数据进行查询统计，可查看重要断面(如省界)的浓度。系统在模拟计算之后就能提供此类快速统计信息，信息中的关键点将被妥善管理。

(4) 模拟结果查询

系统能够让用户查询河流任意点模拟结果。用户直接点击 GIS 地图上的位置，系统就能显示该点在模型中的位置信息，绘制所有结果信息并在图表中显示。如果可获得附近监测点的实测数据，系统会提供一个模拟和测量数据比较图。

3) 排污许可

固定源排污许可限值的确定需要同时考虑基于技术的许可限值和基于控制单元水质达标的许可限值，如图 4.4.6 所示。其中基于技术的许可限值是对污染源排放控制的最低要求，指的是污染源通过采取可达的技术手段能够实现的排放限值。我国对基于技术的许可限值主要指基于排放标准要求的排放限值。在基于技术的许可限值无法保证控制单元水质目标实现的情况下，应采用更加严格的、基于水质的污染物排放限值，确保受纳水体水质达标。

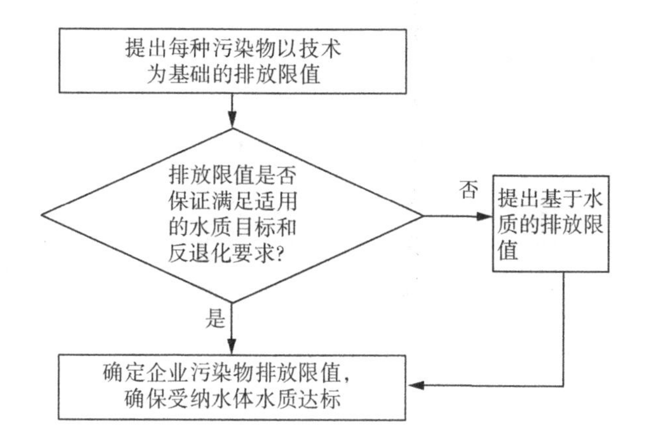

图 4.4.6　排污许可限值确定总体思路

4.4.4　系统应用实践

4.4.4.1　总量控制

1）控制单元总量分配

对长江流域上中下游各控制单元的水环境容量计算结果进行地图展示和容量查询。系统以分层设色专题图对水环境容量结果进行展示，可按照不同污染物种类、不同区域、不同年份对专题图进行设置。可根据控制单元对容量总量数据进行查询，地图点击控制单元，即可查询总量详情，如图 4.4.7、图 4.4.8 所示。

图 4.4.7　控制单元总量分配概览

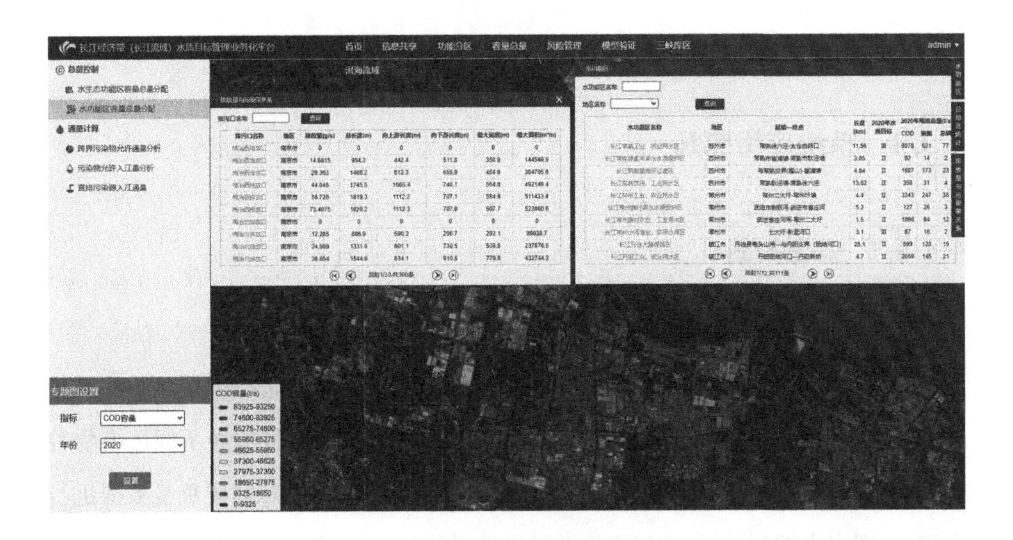

图 4.4.8　控制单元总量分配查询

2）水功能区总量分配

对长江流域各水功能区的水环境容量计算结果进行地图展示和容量查询。系统以分层设色专题图对水环境容量结果进行展示，可按照不同污染物种类、不同年份对专题图进行设置。可根据水功能区对容量总量数据进行查询，地图点击水功能区，即可查询总量详情，如图 4.4.9 至图 4.4.11 所示。

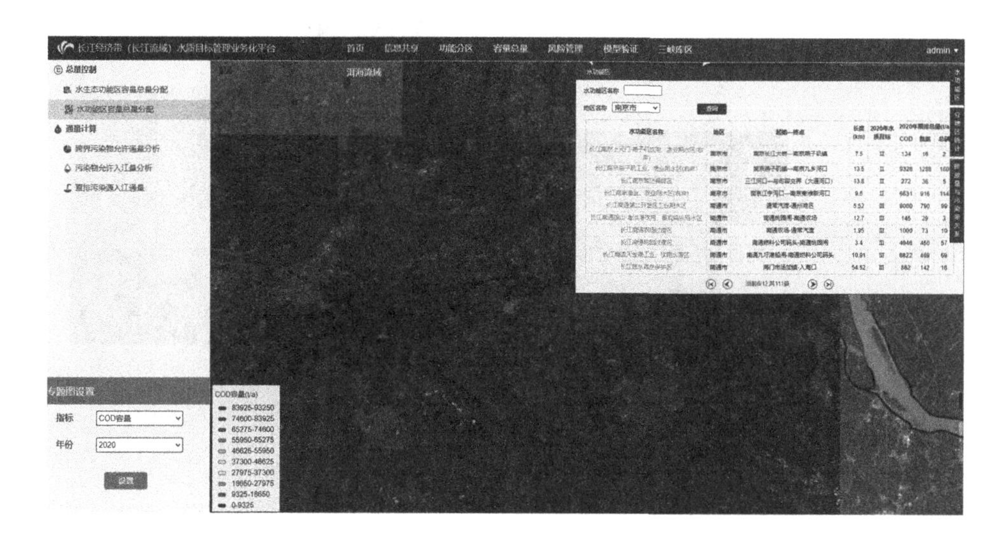

图 4.4.9　水功能区总量查询

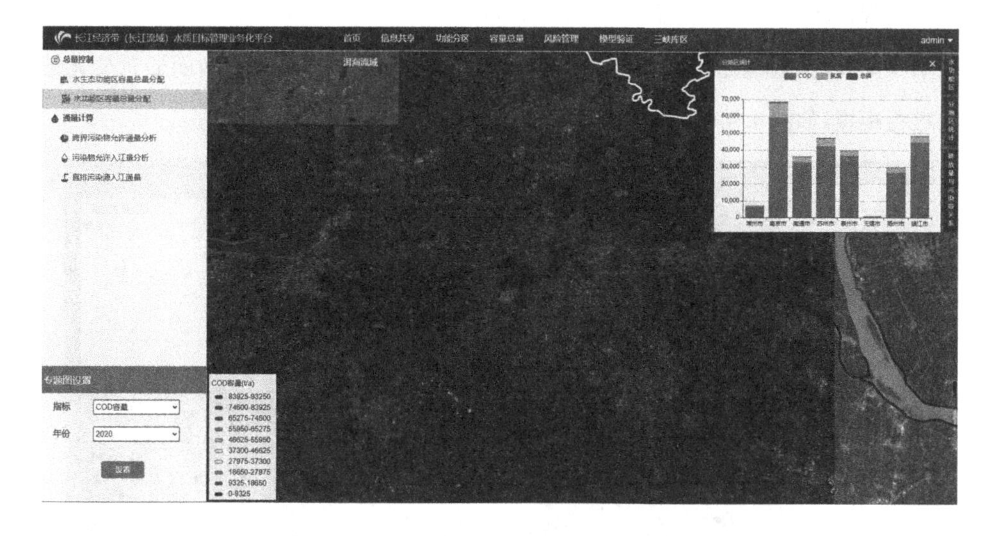

图 4.4.10　水功能区分区统计

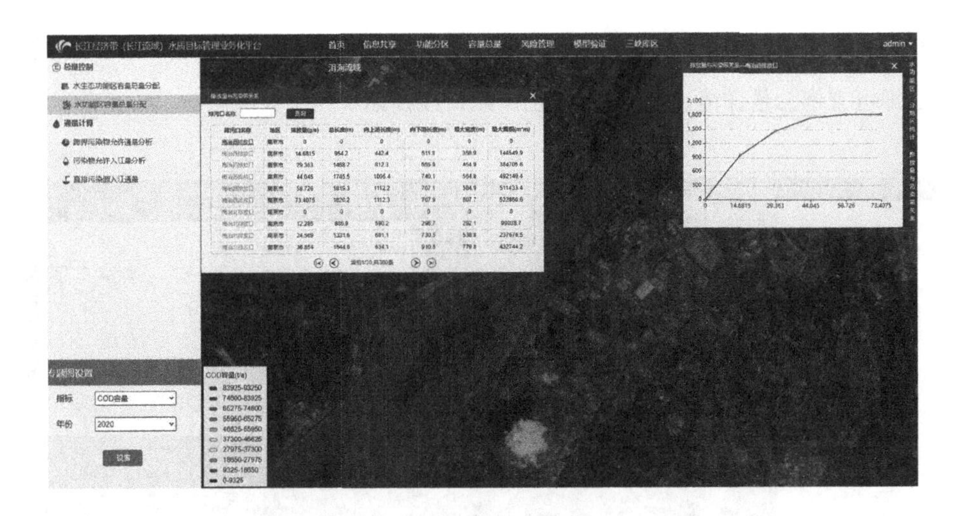

图 4.4.11 水功能区排放量与污染量关系

4.4.4.2 通量计算

1）断面通量

实现长江流域一级支流控制断面的通量计算与模拟。通过地图专题图的方式展示不同断面的通量值及超标情况。通过设置模拟起始时间，对各断面通量变化情况进行模拟，如图 4.4.12、图 4.4.13 所示。

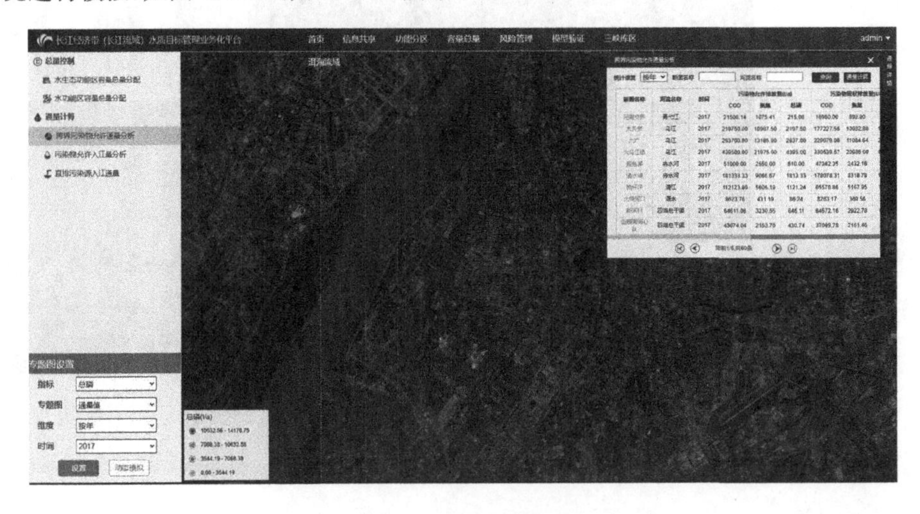

图 4.4.12 断面通量查询

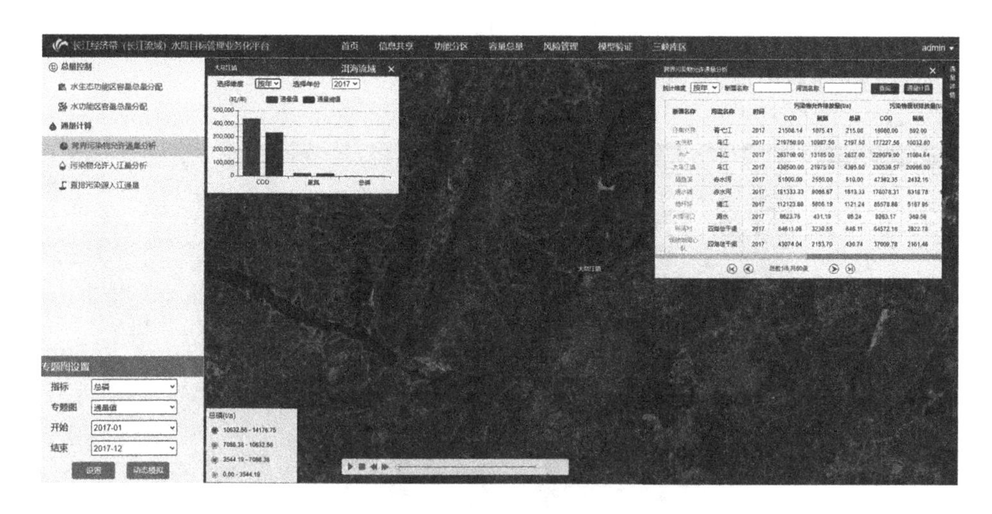

图 4.4.13　断面通量变化趋势

2）直排污染源入江通量

实现长江流域直排污染源入江通量计算。通过地图专题图的方式展示不同污染源通量值，如图 4.4.14 所示。

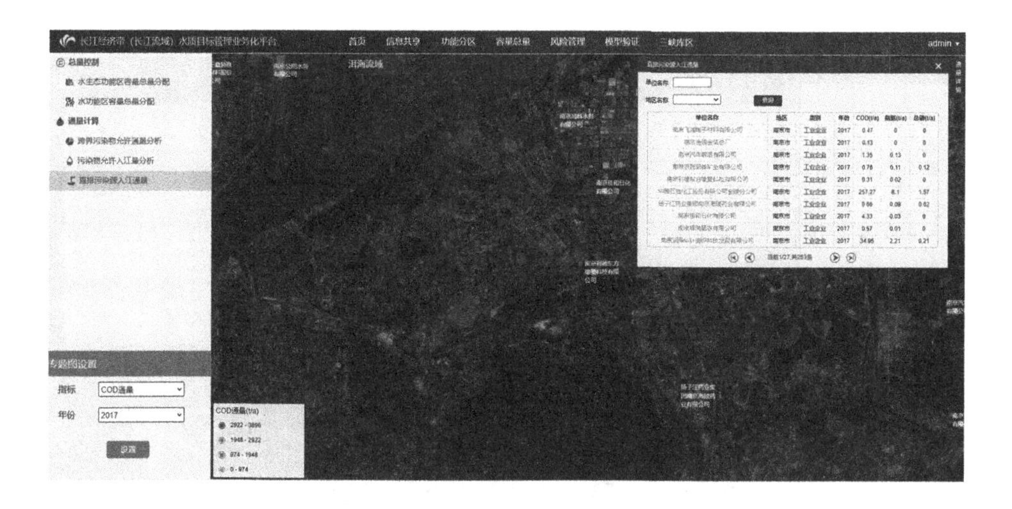

图 4.4.14　直排污染源通量查询

3）主要入江支流通量

实现长江流域主要入江支流断面的通量计算与模拟。通过地图专题图的方式展示不同入江支流的通量值及超标情况。通过设置模拟起始时间，对各入江支流通量变化情况进行模拟，如图 4.4.15、图 4.4.16 所示。

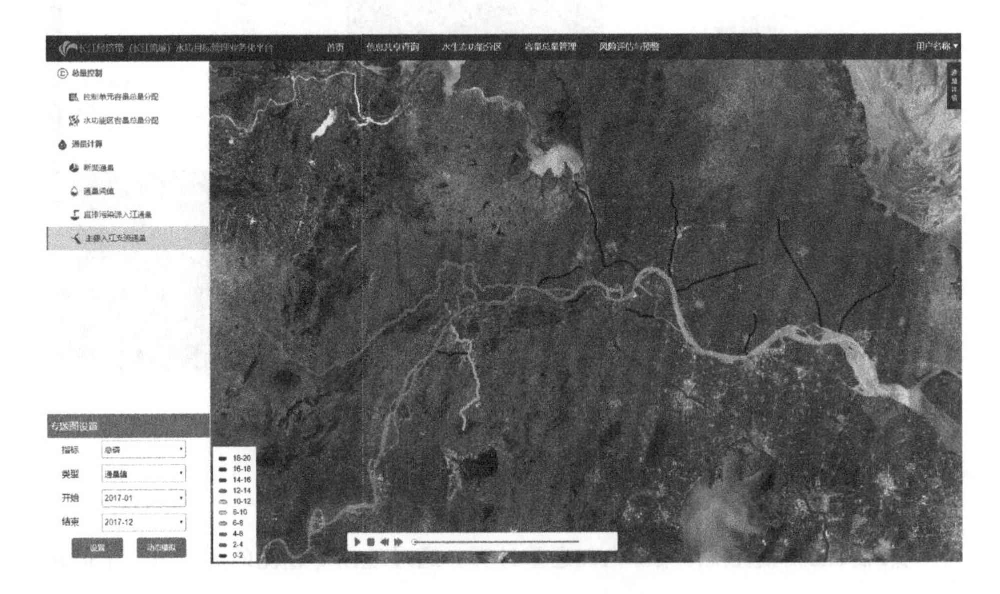

图 4.4.15　主要入江支流通量模拟

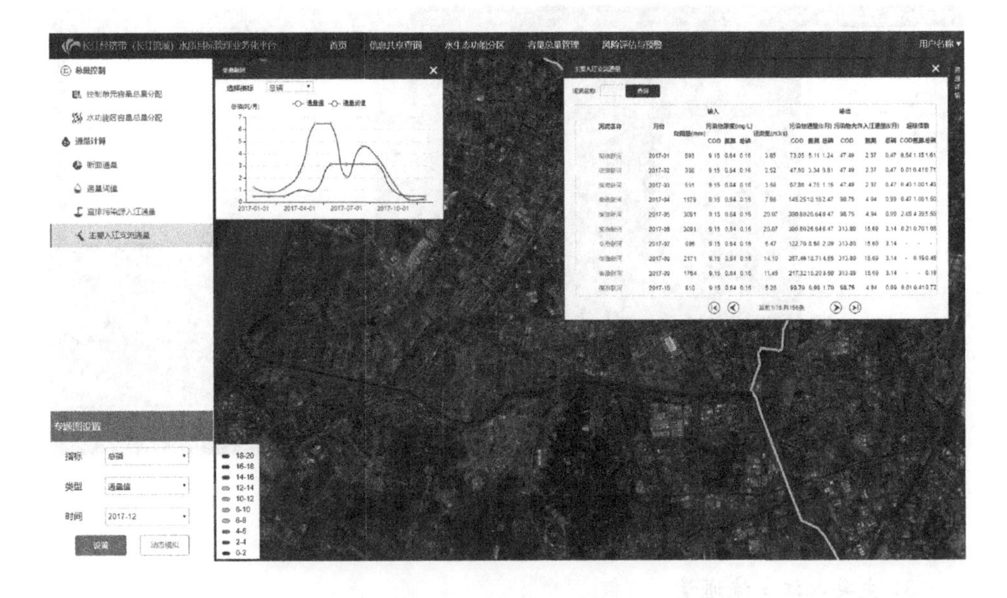

图 4.4.16　入江支流通量查询

4.5　风险管理系统

4.5.1　建设目标

构建风险评估与预警系统，集成风险评估技术，针对环境污染事件的风险场时空特征，集成可反映风险事件对水质、水源地、敏感水生生物影响的水环境风险预警模型，实现水环境风险等级的评价并直观展示区域风险分布。整合污染事故应急处置决策功能，能够在水污染事故发生后快速预报风险事故影响范围、影响程度及发展趋势，针对风险事故的不同等级判别结果，响应相应的应急预案对策，生成水环境污染事故的应急处置方案，并于计算机网络发布相关信息。根据建立的相关应急预案知识库，结合专家咨询意见，为突发环境事件提供指导流程和辅助决策支持方案，并根据风险事故的发展态势和应急处置效果做出及时反馈，对辅助决策方案进行调整和优化。

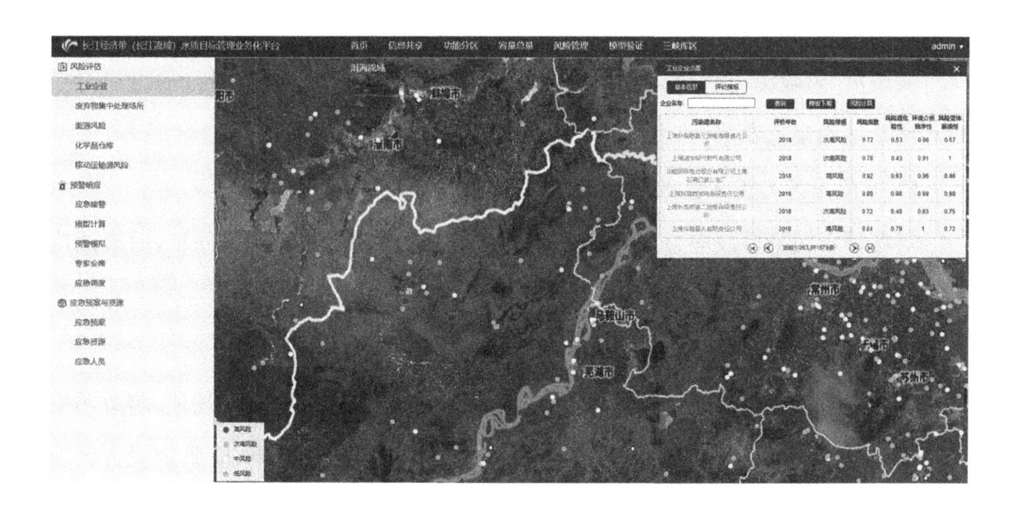

图 4.5.1　风险管理系统设计界面图

4.5.2 需求分析

4.5.2.1 系统功能需求

1）风险评估

包括风险源识别与划分。针对长江经济带区域范围的生产企业、固废处置场、面源风险源、化学品仓库、移动运输源等风险源，从风险源的危险性、环境介质的自净性、风险受体的易损性及风险源的风险指数等角度，实现风险源的评估、分级区划。

2）应急事故模拟计算

发生突发事故，模拟污染物扩散范围，预报趋势及影响范围，并进行溯源分析。

3）阈值确定

建立预警指标，确定阈值。当预测结果超出阈值范围时发出警报。

4）专家决策

实现对“风险源”、“专家”和“事件”三大数据群的关联查询与分析，提出应对突发环境事件的最适专家，并由其指导处置流程和制定决策方案。

5）事故应急处置方案效果评估

对各种水污染事故应急方案进行模拟结果的动态展示、比较和分析，对事故应急方案进行调整和优化。

6）警情及处置方案发布

发布事故污染物的总体情况（包括污染物名称、污染物类型及其性质、事故污染物排放量、事故原因、事故地点、事故时间等）、事故影响预测结果、应急处置方案及应急处置后的预测结果等信息。

7）数据动态交换

预留与其他子系统的数据通信共享接口，可根据数据驱动状态，动态更新与其他系统的共享数据。

除上述功能以外，系统还应具有管理和帮助功能。

4.5.2.2　系统数据需求

为实现风险评估与预警，需要多种类型的数据提供支撑，主要包括工业企业数据、污染源数据（废弃物集中处理场所、面源风险、化学品仓库、移动运输源风险等），可通过平台中的数据汇交与信息共享系统获取。

4.5.3　系统设计

4.5.3.1　系统框架设计

系统建设需要考虑专业数学模型的复杂性和集成效率，又要兼顾用户便捷的网上办公以及移动办公应用需求，系统整体架构将采用 C/S 与 B/S 相结合的开发部署方式。对于系统中涉及专业数学模型的复杂操作以及系统中需要处理的大量数据同步交换的工作，将采用 C/S 客户端方式在模型计算服务器进行部署和运行，方便专业技术人员对数学模型进行更全面的解读与修正，同时数据维护与系统配置工作也需要在 C/S 方式下进行操作；而与数据查询、轻量级数据分析、模型模拟结果展示相关的内容，有权限的用户能够方便地使用网页浏览器或移动客户端浏览器进行访问，此部分功能的实现基于完整的 Web 应用体验，能有效地满足用户的网上办公诉求。

业务技术支撑层包含核心研究成果和 GIS 模型等支撑模块。核心研究成果包括动态模型等动态研究成果和各类评价体系与标准等静态研究成果；数据交换模块实现了本系统内部与外部的数据交换；GIS 平台为核心中间层其他功能模块提供定位、展示等地理信息交互功能；模型为用户提供方案与模型的接口，实现模型运行计算和结果导出等功能。风险评估与预警系统框架结构如图 4.5.2 所示。

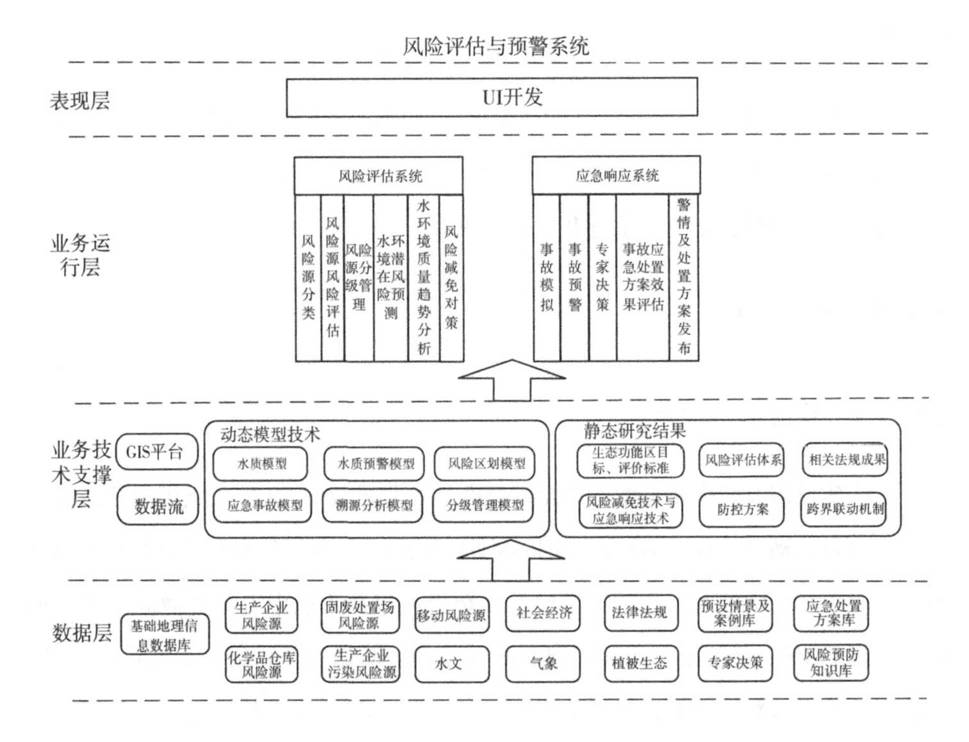

图 4.5.2　风险评估与预警系统框架设计图

4.5.3.2　功能设计

1）风险评估

针对长江经济带生产企业、废弃物集中处理处置场、面源风险、化学品仓库、运输源等风险源，从风险源的危险性、环境介质的自净性、风险受体的易损性及风险源的风险指数等角度，通过模糊积分算法，实现风险源的评估、分级区划。不同风险源风险评估模块详如图 4.5.3 至图 4.5.7 所示。

风险评估的结果最终将与 GIS 界面紧密结合，利用专题图的形式从空间上直观展示区域的风险分布情况，如图 4.5.8 所示。

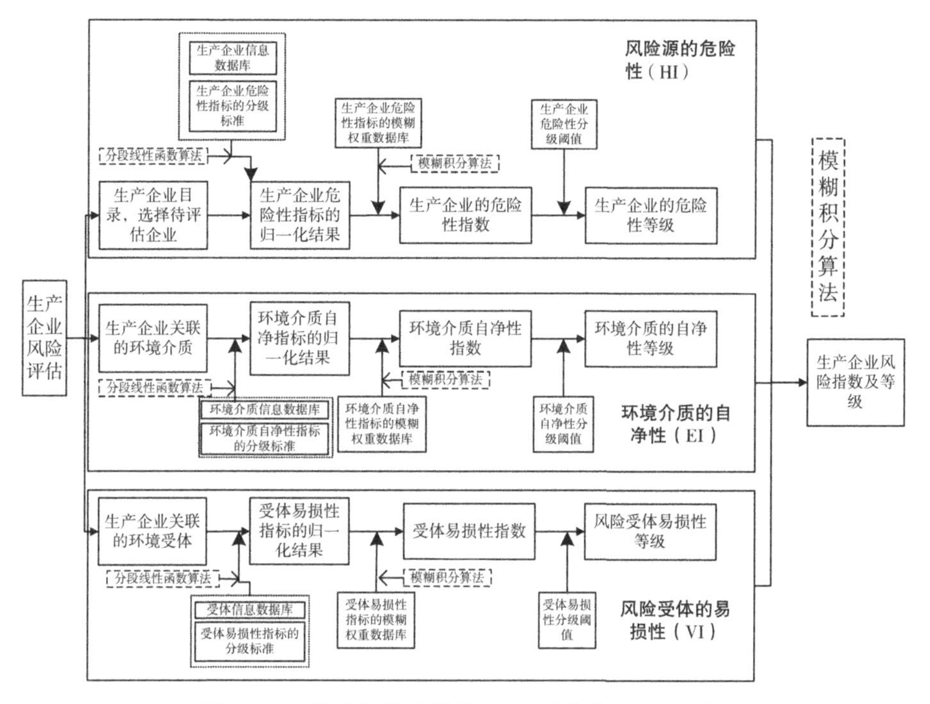

图 4.5.3　风险评估子模块 1——生产企业风险评估

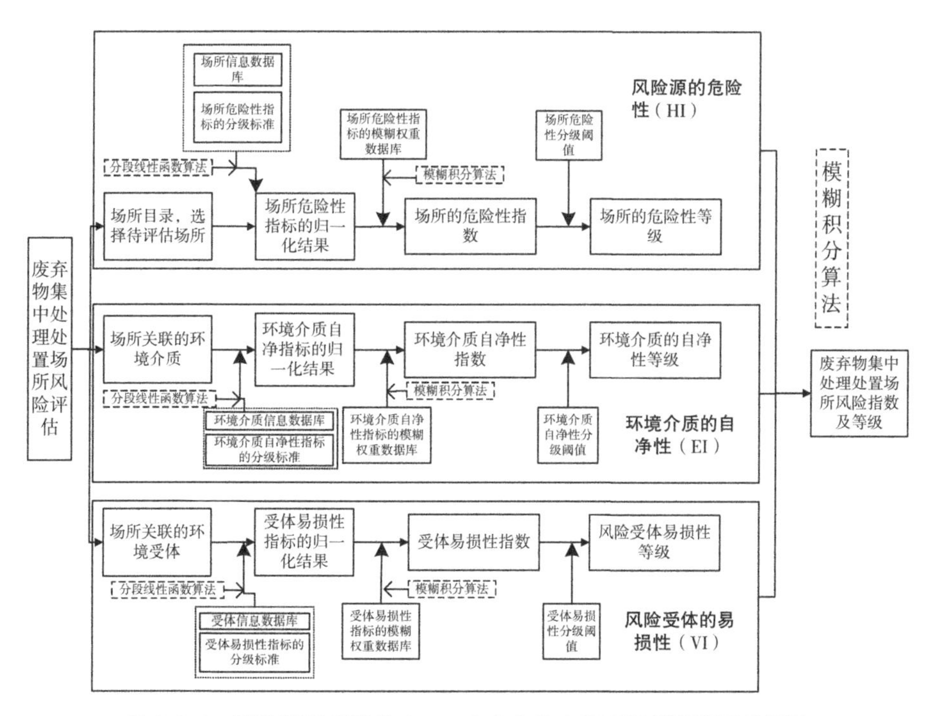

图 4.5.4　风险评估子模块 2——废弃物集中处理处置场所风险评估

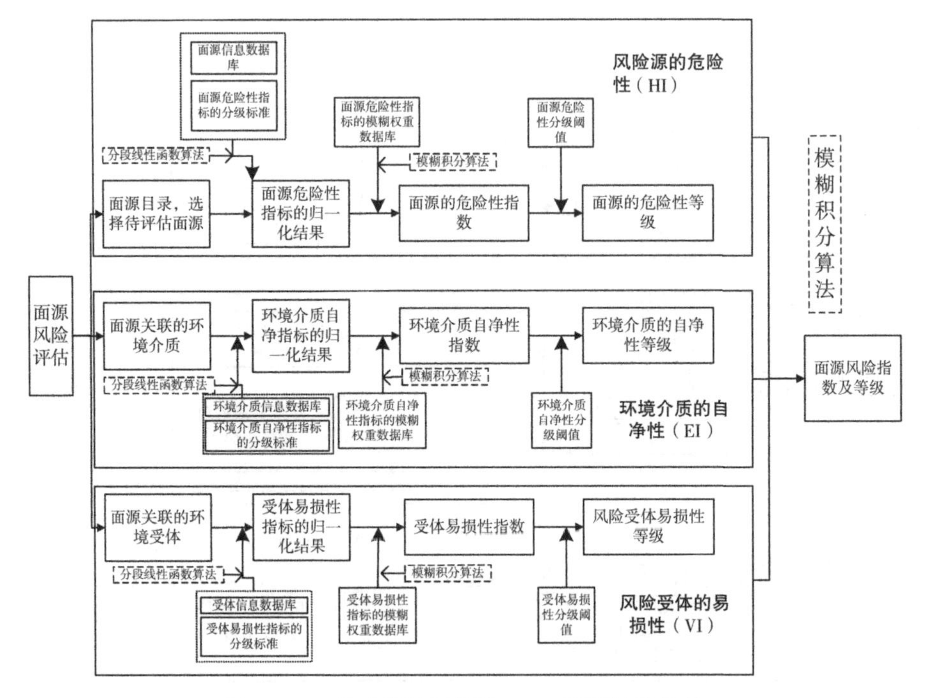

图 4.5.5 风险评估子模块 3——面源风险评估

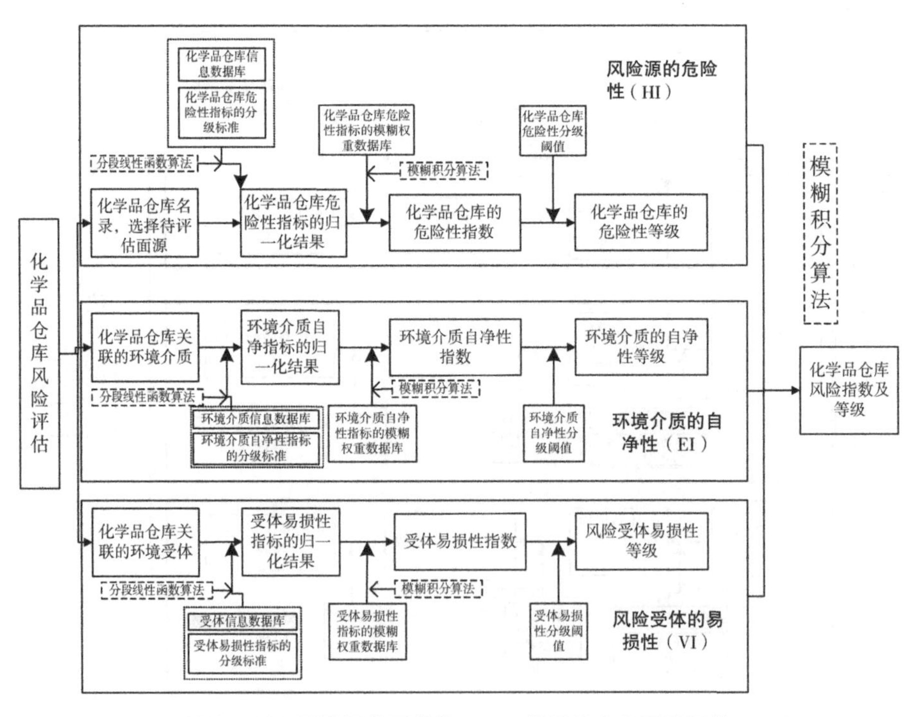

图 4.5.6 风险评估子模块 4——化学品仓库风险评估

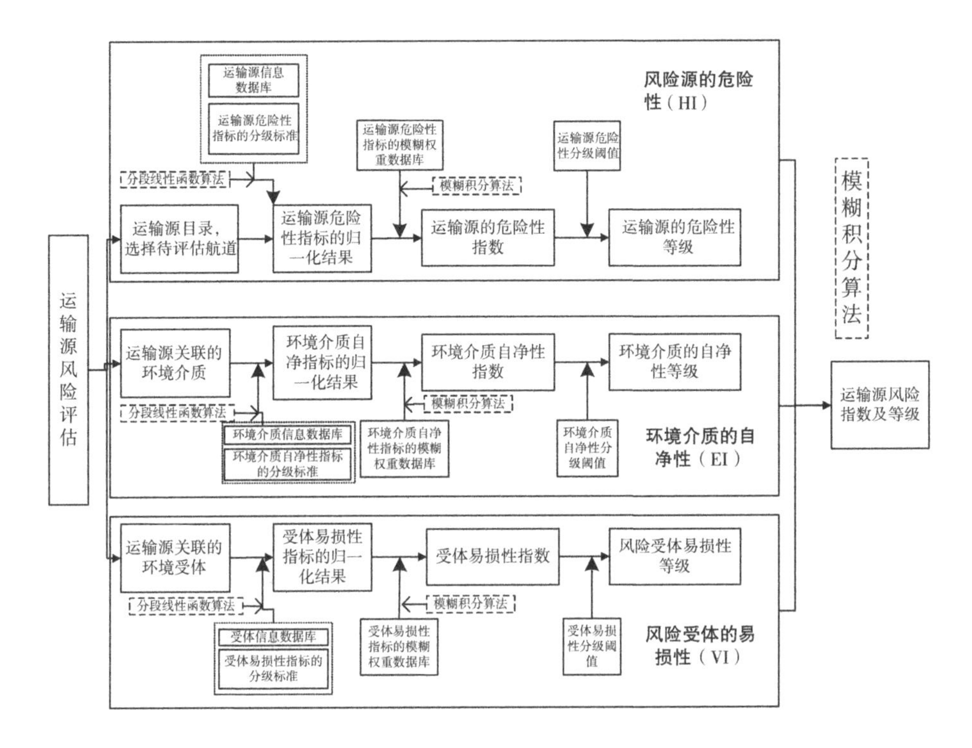

图 4.5.7　风险评估子模块 5——运输源风险评估

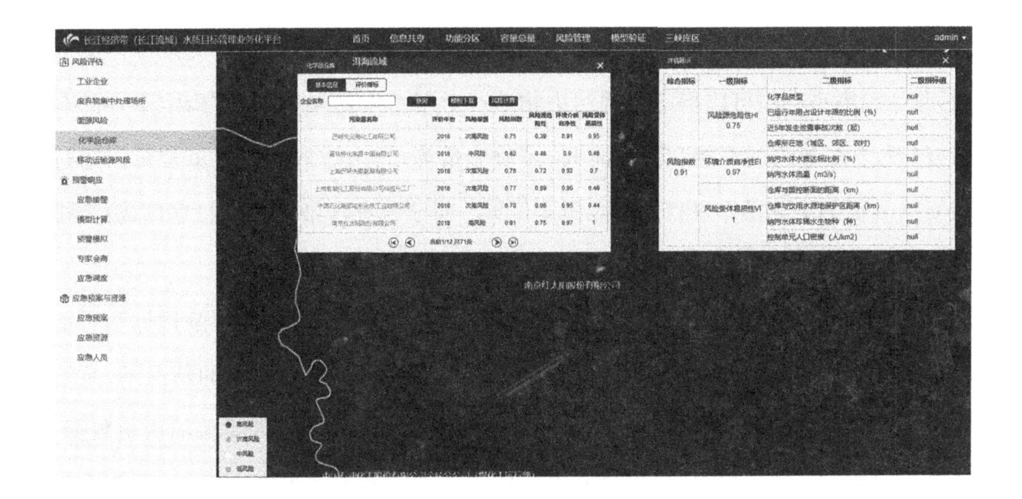

图 4.5.8　风险评估

2）应急事故模拟计算功能

通过河流水质模型，依托水文水质基础数据库和事故源信息，实现应急事故模拟计算，并实现污染物浓度场时空分布的预测结果在 GIS 平台上的动画展示。事故模拟模块结构如图 4.5.9 所示。

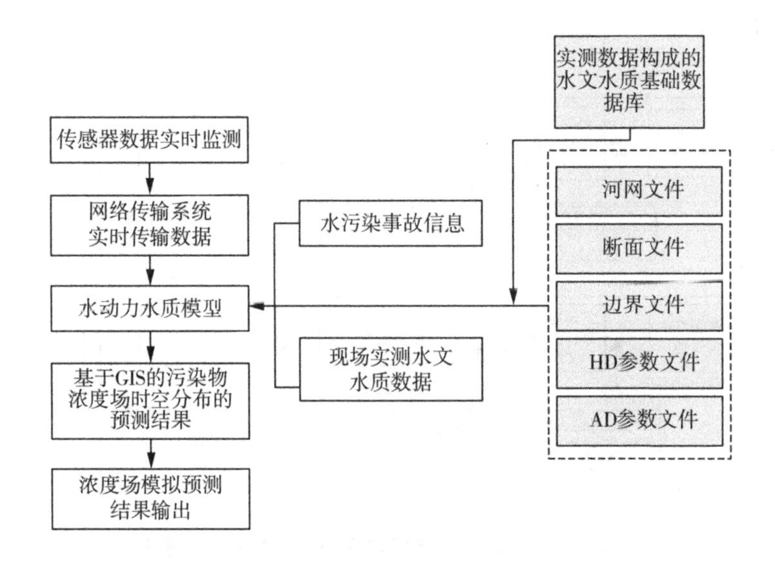

图 4.5.9　应急响应子模块 1——事故影响模拟

在这个模块中能设定污染事件的详细信息。用户可以建立多个突发性污染事故，每个污染事故中可以指定多种污染物质。对于每个污染事件，需指定事件的名称、位置、污染事件的开始和结束时间、排放流量等，其中排放河段及里程可以通过与 GIS 界面的交互操作进行定位或指定位置。对于每种污染物质，用户可以设定排放时间段内的污染物浓度或污染负荷量以及物质的降解速率。

水质数学模型组件主要在服务端后台运行。系统根据不同的决策目标和可能获得的实时数据情况，提供两种模拟方法。在只有污染物排放信息的情况下，系统将提供接口帮助用户从在线数据库中获取到与当前水文水力条件类似的历史数据，包括河道流量及水位数据，并作为输入条件直接导入到事故模拟方案中，然后在用户简单设定污染物排放信息后立即启动事故预测预警模拟分析。这种模拟方案为用户提供了一种快速应急模拟方式，便于用户在第一时间能够对污染事故的发展态势做出预测与评估。当能及时获取事故发展过程中的实时降雨数据和水文监测数据时，系统则可自动更新事故模拟方案的降雨数据和水文边界条件，并启动水动力模型计算，然后在此基础上进行事故应急方案模拟，从而使用户能够获得更为准确的预报信息，并在此基础上进行更详细的警情处置。

3）事故风险预警功能

事故风险预警模块用于模拟污染事故发生后污染团的实际运移状况。在没有任何假设的水工建筑物操作或边界输入限制前题下，系统会从外部数据库或其他源读取所有在线数据，然后写入水污染事故风险预警模型中。计算得到事故发生后污染团在没有任何应急措施下的运移情况，帮助决策者预先对事件作出快速准确的评估，为进一步的应急预案研究提供基础信息。事故风险预警模块结构如图4.5.10所示。

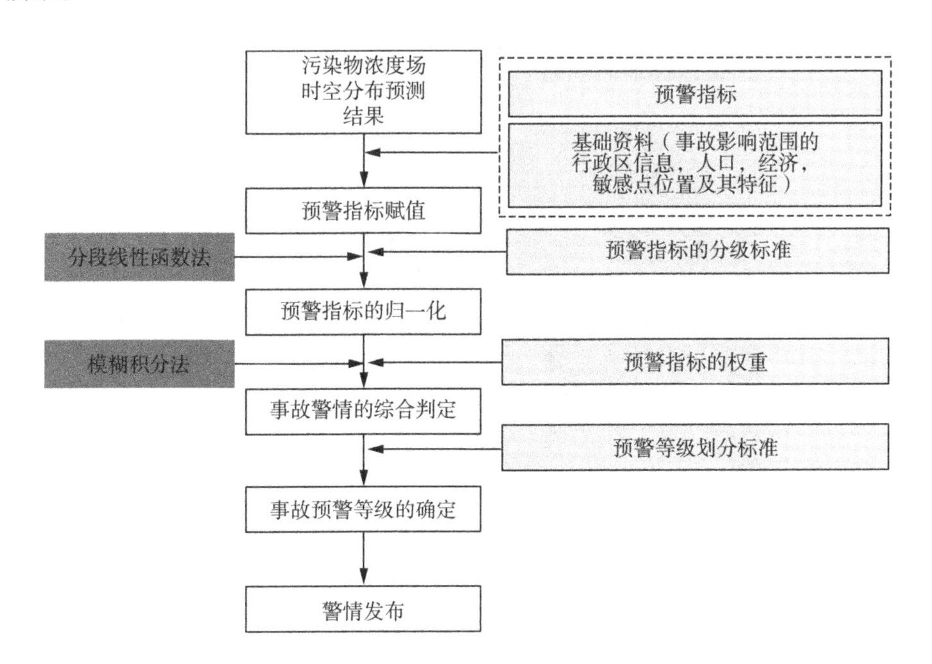

图4.5.10　应急响应子模块2——事故风险预警

通过设定预警指标及预警等级，可以在突发事故污染情景下，实现对不采取任何应急方案措施，污染物可能影响的范围和程度的预测。

预警指标包括：事故污染物类型；污染物事故排放量；污染带长度；事故影响范围（包括具体的乡镇及其面积）；事故影响的行政区个数（乡镇以上）；事故影响范围人口数；事故是否造成跨行政省界污染；污染物最高浓度超出水质标准的倍数；污染物浓度超标持续的时间；事故影响范围水体范围是否涵盖珍稀水生生物栖息地或鱼虾产卵区及其种类；事故影响范围水体中是否有饮用水源保护区，是否需要关闭水源地，关闭水源地取水口影响的人口数，预计关闭取水口的时长等。

预警等级综合判定：根据我国的《国家突发环境事件应急预案》，依据突发事件可能造成的危害程度、波及范围、影响力大小、人员及财产损失等情况（预警指标），由高到低划分为特别重大环境事件（Ⅰ级）、重大环境事件（Ⅱ级）、较大环境事件（Ⅲ级）和一般环境事件（Ⅳ级），并依次采用红色、橙色、黄色、蓝色加以表示。

系统的预警模拟效果如图 4.5.11 所示。

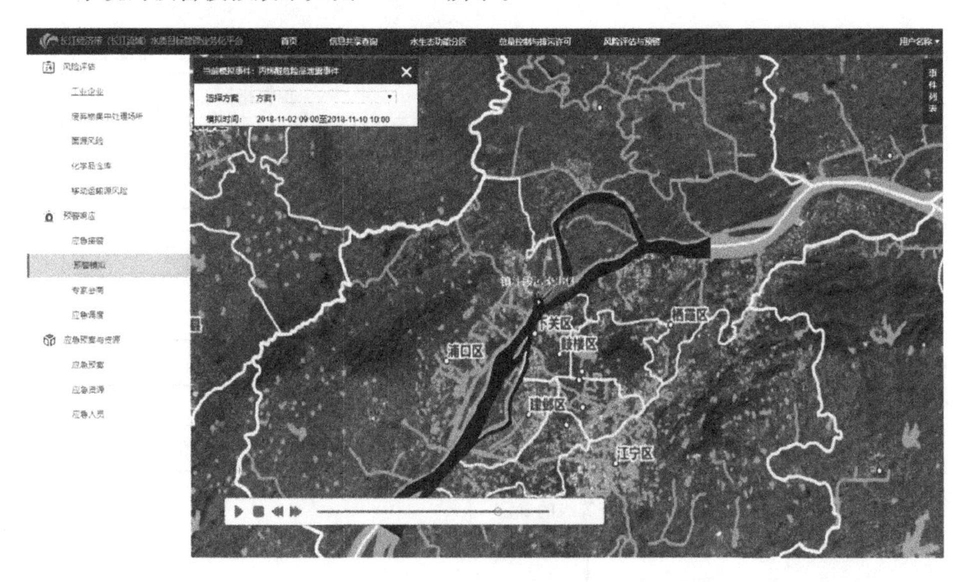

图 4.5.11 预警模拟

4）专家决策功能

实现对“风险源”、“专家”和“事件”三大数据群的关联查询与分析，提出应对突发环境事件的最适专家，并由其指导处置流程和判定决策方案。专家决策模块结构如图 4.5.12 所示。

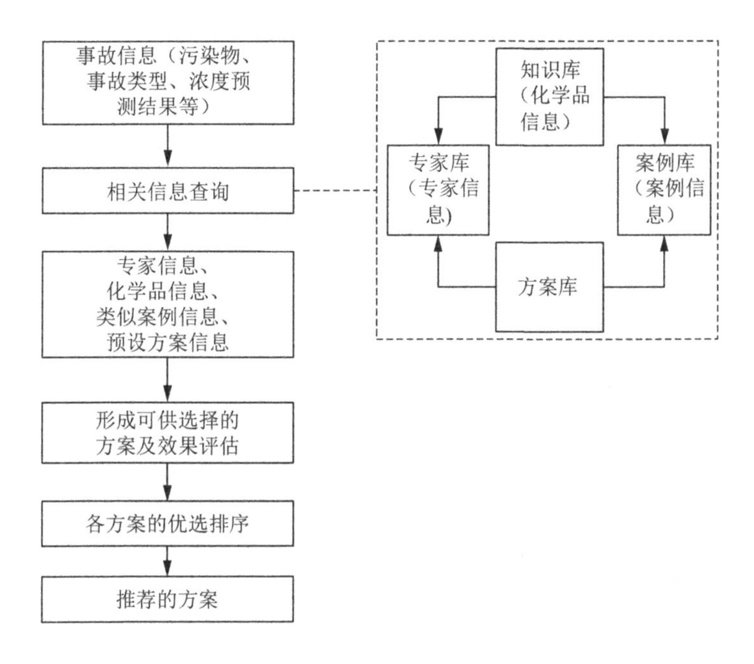

图 4.5.12　应急响应子模块 3——专家决策

数据库中的事件类型、化学品、专家是关联的。可根据突发环境事件现场实际情况随时调取。以数据库的形式储存相关信息，可以实现事件类型、化学品信息、专家信息之间的关联查询。在充分利用结构固有的关系前提下，根据“关键字”“业务处理逻辑”“时间空间关系”等来寻找几种数据群的“共性”并展现。

同时系统还可以对几种数据进行管理，如数据的“添、删、改、导”等。三个数据信息可以通过以下方式来进行关联：“危险品”与“专家信息”——找出对化学品了解较深或擅长处理的专家信息，同时可根据历史事件查找参与过此类化学品处理的专家。“化学品”与“事件数据”——此链路主要通过“关键字”进行关联。“专家信息”与“事件数据”：通过事件处理或参与进行关联，同时找出事件数据中的化学品关键字，再反推对此类化学品了解较深或擅长处理的专家。专家决策功能如图 4.5.13 所示。

5）事故应急处置方案效果评估功能

针对风险预警模块所预报的事故影响范围、影响程度和发展趋势，以及风险事故的不同风险等级判别结果，由决策人员提出相应的应急预案对策或者直接从应急

图 4.5.13　专家决策

处置方案库中选取参考方案。应急处置方案库主要用以管理水污染事故案例(包括各种应急方案),具有历史参考价值。案例收录发生在项目研究区域内的各类水污染事故相关信息及其有效的应对措施,为今后相似的水污染事故选择监测方法和处置技术提供参考。该模块提供对收录事故案例的检索和分析功能,为应对类似突发环境事件提供指导流程和辅助决策支持方案,对事故应急方案进行调整和优化,为水环境污染事故的快速响应及应急处置提供科学决策依据及技术支撑。应急方案及其效果评估模块结构如图 4.5.14 所示。

该模块可辅助用户将各种应急预案对策生成相应的水污染事故应急方案模型。它基于水污染事故风险预警模型,通过友好的用户界面可以修改一些水工构筑物操作或边界条件,以派生一系列方案模型。这个模块能运用如下几种方法修改基本的污染事件模拟条件:

(1) 水工构筑物的相关操作

系统提供一个方便的用户界面用以操作水库等水工构筑物。用户能通过选择水库调度规则,进行调度方式的设定。

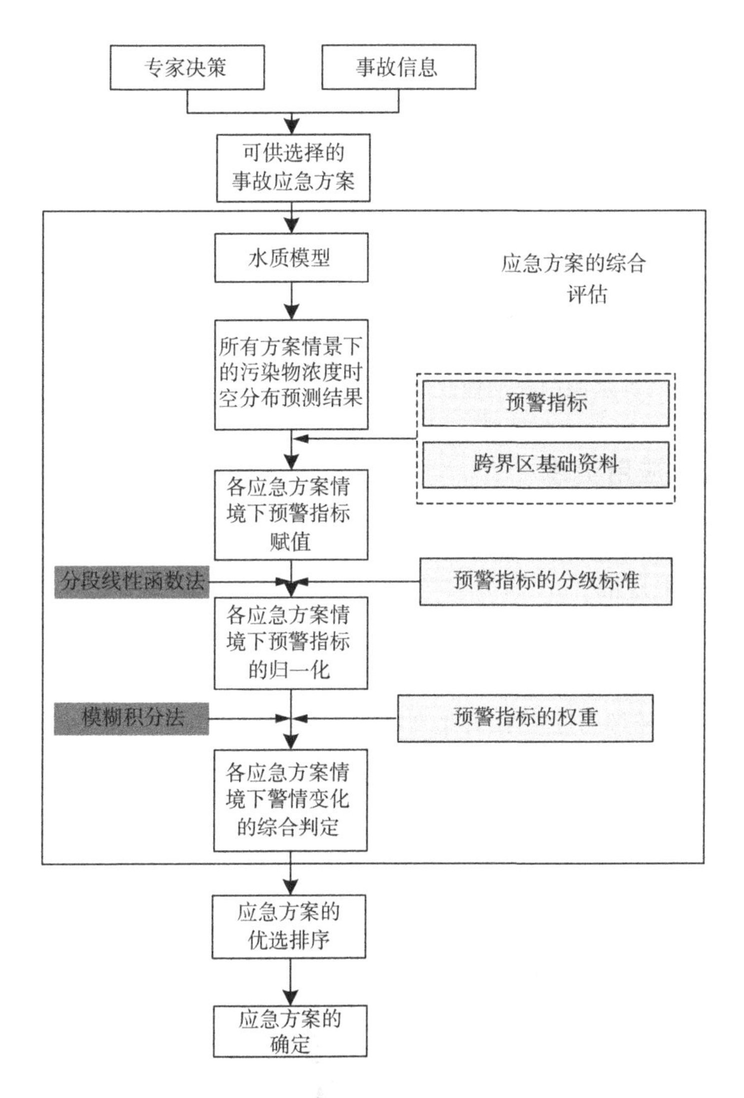

图 4.5.14　应急与预警子模块 4——应急方案及其效果评估

(2) 边界条件编辑

系统提供一个综合的用户界面来浏览所有的边界输入。对于每个边界，用户能在 GIS 地图中定位，以图表形式查看信息。它能被直接修改，系统将它保存到模型中。

实现各种水污染事故应急方案模拟结果的动态展示、比较和分析，对事故应急方案进行调整和优化。

6) 数据动态交换

预留与其他子系统的数据通信共享接口,可根据数据驱动状态,动态更新与其他系统的共享数据,并根据功能设定及时启用通信。如:本系统为风险预警系统提供风险源定位及必要风险源信息,继而动态获取并展现风险预警模型计算得出的控制断面水质变化过程。本系统还支持一点多发,可以实现数据在多个应用系统中同时交换。此外,也支持从各种主流数据库、其他系统提供的接口、其他系统中的数据交换平台、文件等数据源中自动抽取数据和交换数据。

4.5.4 系统应用实践

4.5.4.1 风险评估

实现工业污染源、集中废弃物处理场所、面源、危化品仓库、移动源等风险源的风险评估。从风险源的危险性、环境介质的自净性、风险受体的易损性等方面评估风险源风险。

系统通过地图专题图的形式对风险评估结果进行展示,同时可查看评估详情数据,如图 4.5.15 至图 4.5.19 所示。

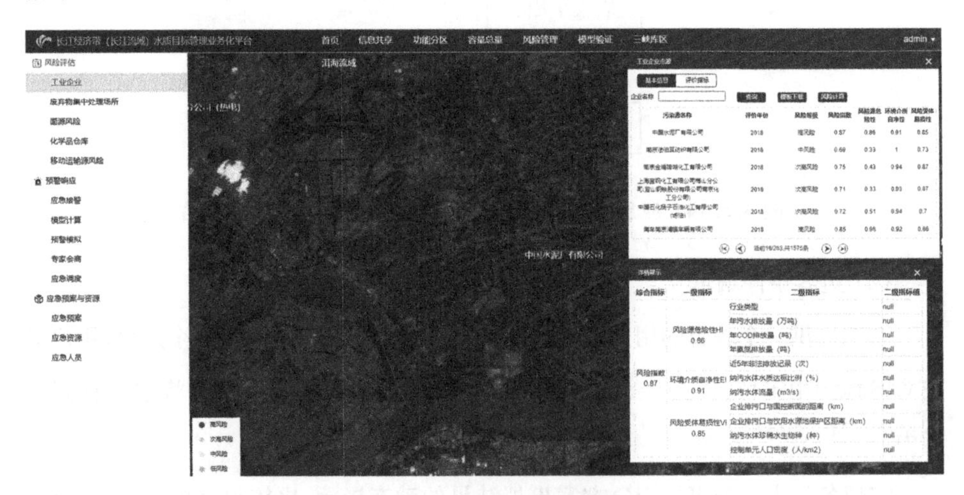

图 4.5.15 工业企业风险评估

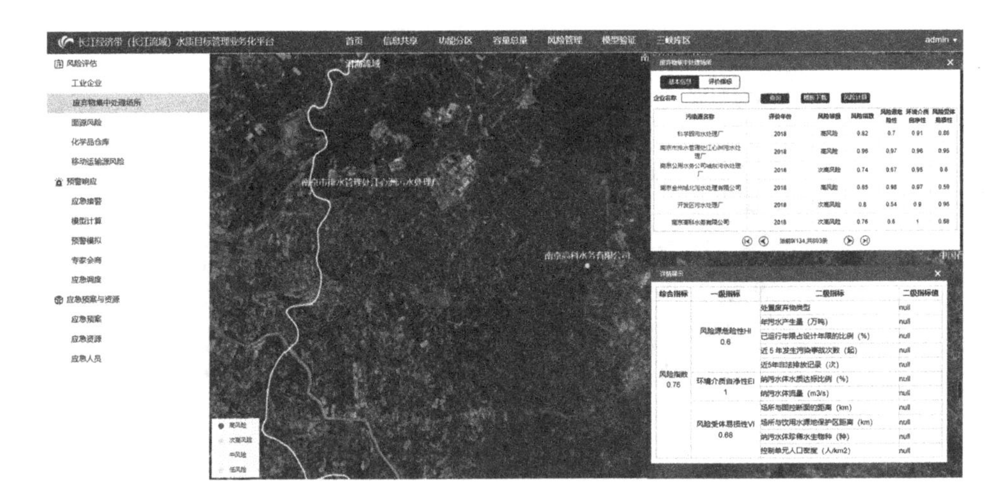

图 4.5.16　集中废弃物处理风险评估

图 4.5.17　面源风险评估

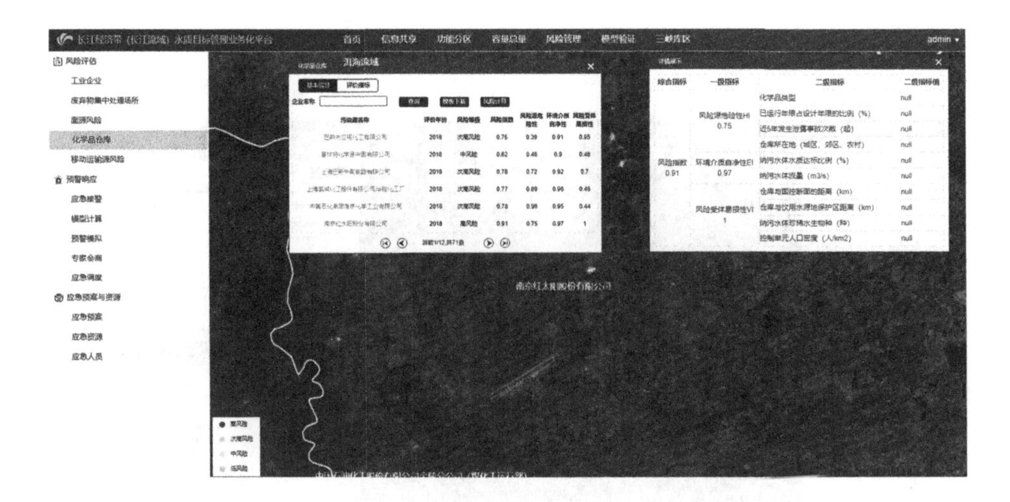

图 4.5.18　化学品仓库风险评估

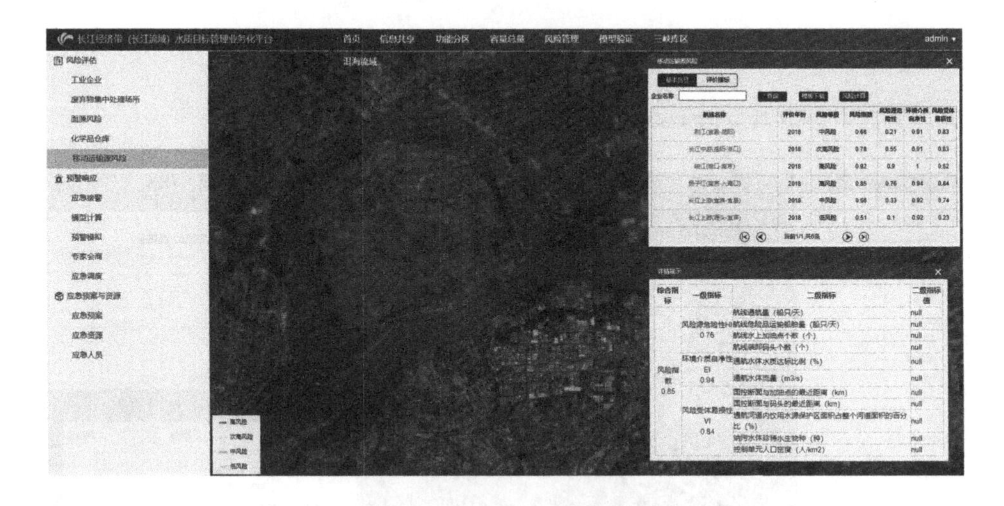

图 4.5.19　移动运输风险评估

4.5.4.2　预警响应

1）应急接警

实现事故发生时事件基本信息管理。可编辑查看事件基本信息及周边环境情况，如图 4.5.20 所示。

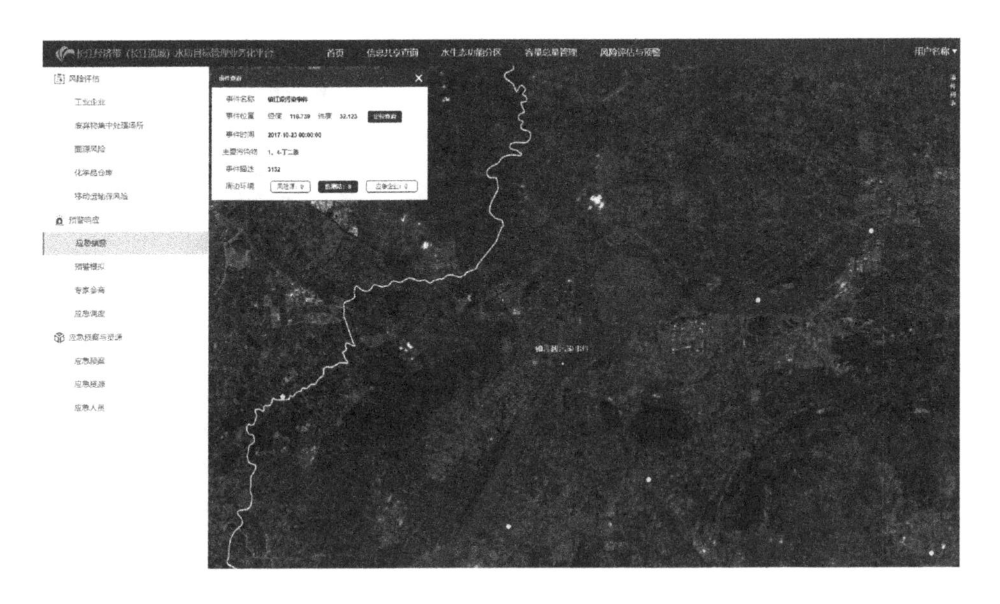

图 4.5.20　应急事件查看

2）模型计算

模型计算如图 4.5.21 所示。

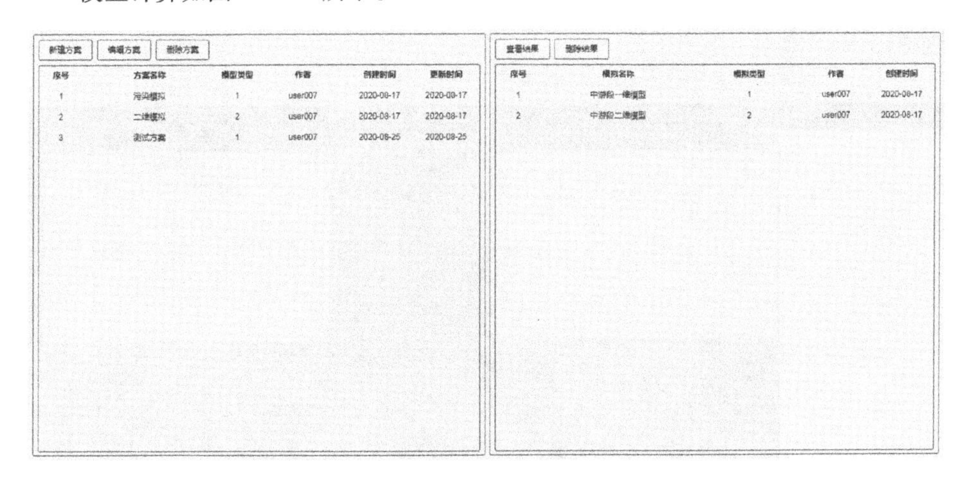

图 4.5.21　模型计算

3）预警模拟

对事故预测模拟结果进行展示。包括突发事故地点、模拟污染物扩散范围、预报趋势及影响范围，如图 4.5.22 所示。

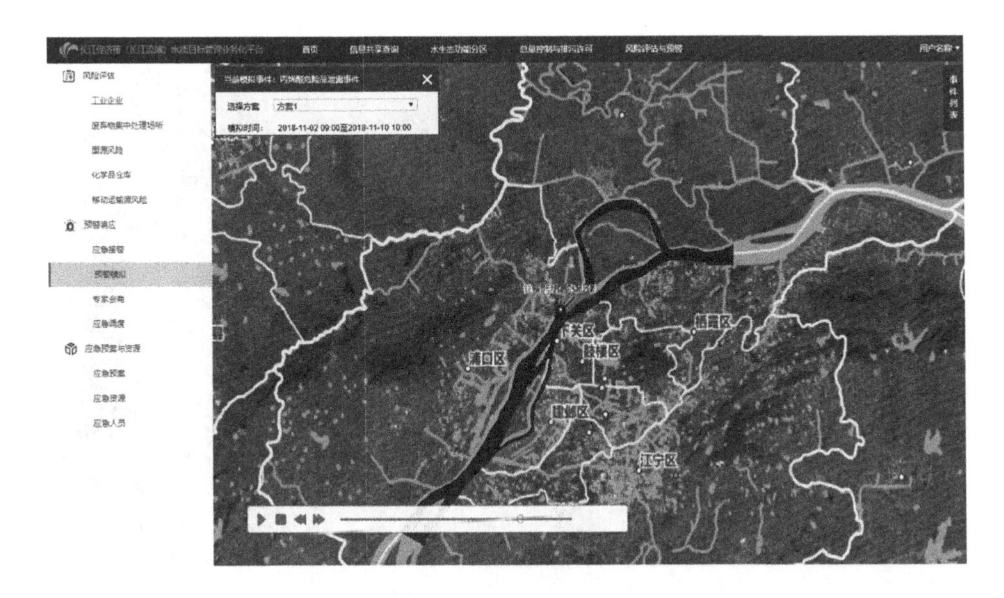

图 4.5.22　应急事件模拟

4）专家会商

实现对“风险源”、“专家”和“事件”三大数据群的关联查询与分析，如图 4.5.23 所示。

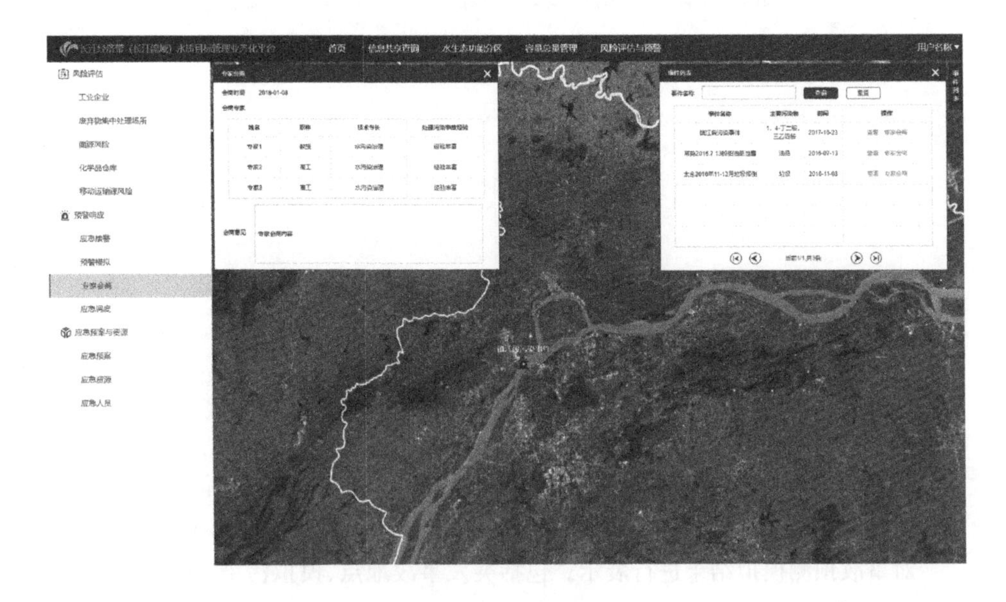

图 4.5.23　专家会商

5）应急调度

实现将应急人员分配到突发事件以及调度情况的模拟展示，如图 4.5.24、图 4.5.25所示。

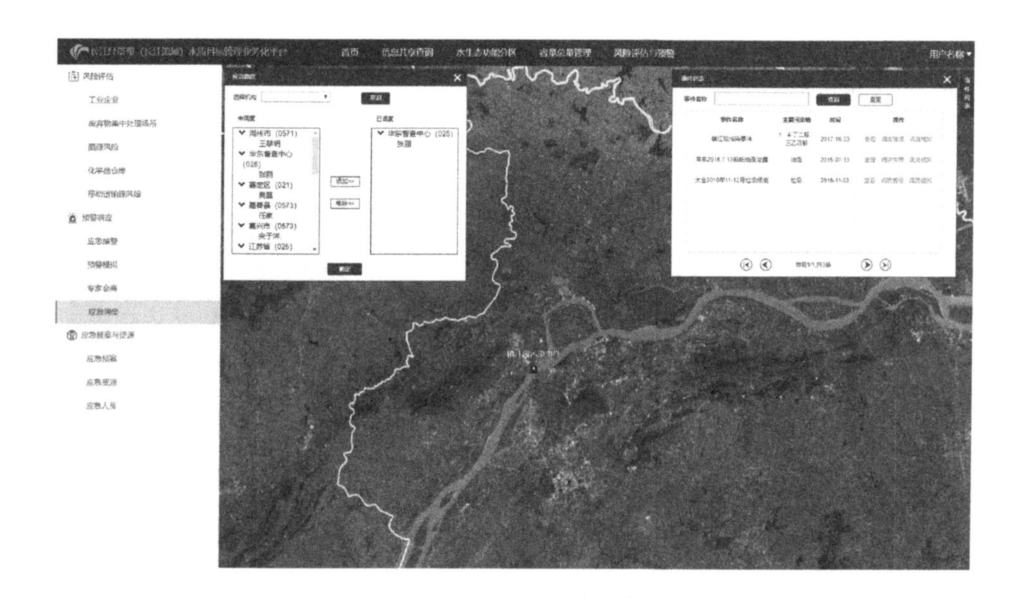

图 4.5.24　调度管理

图 4.5.25　调度查看

4.5.4.3 应急预案与资源

1）应急预案

应急预案查看如图 4.5.26 所示。

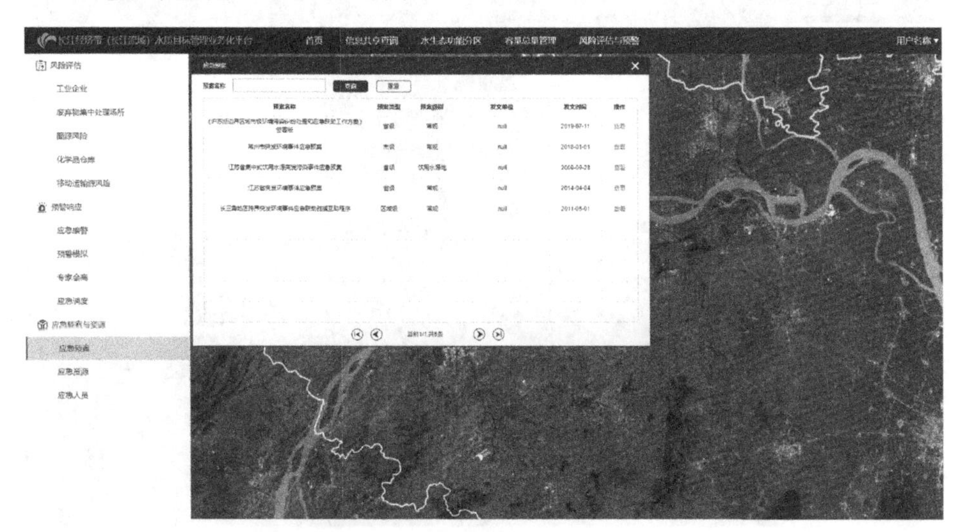

图 4.5.26　应急预案查看

2）应急资源

应急资源包括应急物资和应急企业，应急资源查看如图 4.5.27 所示。

图 4.5.27　应急资源查看

3）应急人员

应急人员包括应急人员及应急机构，应急人员查看如图 4.5.28 所示。

图 4.5.28　应急人员查看

参考文献

第1章

[1] ANTONIOU F, KOUNDOURI P, Tsakiris N. Information Sharing and Environmental Policies[J]. International Journal of Environmental Research and Public Health, 2010, 7(10): 3561-3578.

[2] DENG Q, YAN X. Information-Sharing Mechanism of Marine Environmental Management in China[J]. Journal of Coastal Research, 2020, 106(S1): 544-548.

[3] WANG S, GONG Y, CHEN G, et al. Service Vulnerability Scanning Based on Service-Oriented Architecture in Web Service Environments[J]. Journal of Systems Architecture, 2013, 59(9): 731-739.

[4] AGGESTAM F. Setting the Stage for a Shared Environmental Information System[J]. Environmental Science & Policy, 2019, 92: 124-132.

[5] ZHOU X, ZHENG B, KHU S. Simulation Platform of Human-Environment Systems for Water Environment Carrying Capacity Research[J]. Journal of Cleaner Production, 2020, 250:119577.

[6] WAN Z, ZHU D. Smart Decision-Making Systems for the Precise Management of Water Environments[J]. Journal of Coastal Research, 2020, 104(S1): 82-87.

[7] LEE S W, SARP S, JEON D J, et al. Smart Water Grid: The Future Water Management Platform[J]. Desalination and Water Treatment, 2015, 55(2): 339-346.

[8] 朱振杰. SOA的关键技术的研究与应用实现[D]. 成都:电子科技大学,2006.

[9] ZHANG Y, ZENG X, YU Y, et al. The Design of Three Gorges Water Environment Risk and Early Warning Platform Based on GIS Technology[C]// 18th International Conference On Geoinformatics, 2010.

[10] ERICKSON J, SIAU K. Web Services, Service-Oriented Computing, and Service-Oriented Architecture: Separating Hype From Reality[J]. Journal of Database Management, 2008, 19(3): 42-54.

[11] 陈军,吴程,李爽,等. 灞河流域水环境数值模拟研究[J]. 西北农林科技大学学报(自然科学版), 2022, 50(9): 80-88.

[12] 龙月梅. 环境信息资源共享平台的构建与实现分析[J]. 科技风, 2019(9): 124.

[13] 袁逸悦,司林波. 环境信息资源共享研究述评——基于SSCI来源文献(2008—2018年)的知识图谱分析[J]. 宁德师范学院学报(哲学社会科学版), 2020(4): 28-33.

[14] 徐若鹏,何跃君,牛红杰,等. 湟水流域水环境精细化管理云平台构建研究[J]. 水利发展研究, 2022, 22(7): 40-46.

[15] 刘雅君,杨景林,刘雅芬. 基于GIS的水环境决策支持系统的开发与应用[J]. 电脑知识与技术, 2011, 7(25): 6134-6136.

[16] 林奎,杨大勇,李适宇,等. 基于SDSS的水环境决策系统技术研究[J]. 中国环境监测, 2009, 25(6): 3-6.

[17] 梅立军,付小龙,刘启新,等. 基于SOA的数据交换平台研究与实现[J]. 计算机工程与设计, 2006(19): 3601-3603.

[18] 吴家菊,刘刚,席传裕. 基于Web服务的面向服务(SOA)架构研究[J]. 现代电子技术, 2005(14): 1-4.

[19] 李春艳. 基于大数据的环境信息共享机制探讨[J]. 中国战略新兴产业, 2017(20): 89.

[20] 木啸林,牛坤龙,蔡世荣,等. 开源网络地理信息系统的技术体系与研究进展

[J]. 计算机工程与应用，2022，58(15)：37-51.

[21] 司林波，王伟伟. 跨行政区生态环境协同治理信息资源共享机制构建——以京津冀地区为例[J]. 燕山大学学报(哲学社会科学版)，2020，21(3)：96-106.

[22] 张万顺，王浩. 流域水环境水生态智慧化管理云平台及应用[J]. 水利学报，2021，52(2)：142-149.

[23] 郑琼，张新，陈永新，等. 漳河流域水环境决策支持系统研究[J]. 测绘与空间地理信息，2015，38(7)：57-59.

第2章

[1] CHALH R，BAKKOURY Z，OUAZAR D，et al. Big Data Open Platform for Water Resources Management[C]//2015 International Conference on Cloud Technologies and Applications，2015：67-74.

[2] HAN X，SHEN H，HU H，et al. Open Innovation Web-Based Platform for Evaluation of Water Quality Based on Big Data Analysis[J]. Sustainability，2022，14(14)：8811.

[3] ZHOU X，ZHENG B，Khu S. Simulation Platform of Human-Environment Systems for Water Environment Carrying Capacity Research[J]. Journal of Cleaner Production，2020，250:119577.

[4] 周煜申，康望星，沈存，等. 大数据在水环境综合评价预警中的应用研究[J]. 江苏科技信息，2017(35)：52-54.

[5] 龙成昌，孙超，陈会明，等. 贵州省生物资源与环境大数据平台构建及应用研究[J]. 贵州科学，2018，36(5)：1-3.

[6] 陈岩，赵翠平，马鹏程，等. 基于EAM的水环境数据平台的设计与实现[J]. 环境保护科学，2016，42(5)：26-30.

[7] 王滨勇. 生态环境大数据平台网络安全技术体系研究[J]. 网络安全技术与应用，2021(12)：128-129.

[8] 马金锋，郑华，彭福利，等. 水环境质量预报预警大数据平台研究[J]. 中国环境监测，2022，38(1)：230-240.

第3章

[1] ESNARD A，RICHART N，COULAUD O. A Steering Environment for Online Parallel Visualization of Legacy Parallel Simulations[C]// Tenth IEEE International Symposium on Distributed Simulation and Real-Time Applications. IEEE，2006：7-14.

[2] SUN M. Construction of Big Data Mining Platform Based on Cloud Computing [C]// Proceedings of the 2015 International Conference on Computational Science and Engineering，2015：375-378.

[3] WEI Y. Data Analysis and Parallel Database Construction of Cloud Platform [C]// 2019 2nd International Conference on Mechanical Engineering，Industrial Materials and Industrial Electronics，2019：86-90.

[4] SAPORTA G. Data Fusion and Data Grafting[J]. Computational Statistics & Data Analysis，2002，38(4)：465-473.

[5] NACHOUKI G，QUAFAFOU M. Multi-Data Source Fusion[J]. Information Fusion，2008，9(4)：523-537.

[6] YAN L M，ZENG X H，DERIS M M. Network Architecture for Real-Time Distributed Visualization and 3D Rendering[C]// DCABES 2004 Proceedings，2004：843-845.

[7] LIU R，BURSCHKA D，HIRZINGER G. Real Time Landscape Modelling and Visualization[C]// IEEE International Geoscience & Remote Sensing Symposium，2007：1820-1823.

[8] ZHANG B，YU R，FEI D，et al. Research and Design on Key Technologies of Spatial-Temporal Cloud Platform Construction[C]// 2019 IEEE International Conference on Industrial Engineering and Engineering Management（IEEM），

2019：1155-1159.

[9] ZHAO Z，ZHONG Q，GONG J. Survey of Data Fusion Techniques[C]// 2012 International Conference on Future Communication and Computer Technology，2012：254-261.

[10] YU H，GUO J，CHENG Y，et al. Techniques and Methods of Spatial Data Fusion[C]// Applied Mechanics and Materials. Stafa-Zurich：Trans Tech Publications Ltd，2013，263：3274-3278.

[11] AKITA R M. User Based Data Fusion Approaches[C]// Proceedings of the Fifth International Conference on Information Fusion，2002：1457-1462.

[12] 化柏林，李广建. 大数据环境下多源信息融合的理论与应用探讨[J]. 图书情报工作，2015，59(16)：5-10.

[13] 喻孟良，任晓霞，曾青石，等. 地质环境数据集成方法探讨及实例应用[J]. 中国地质灾害与防治学报，2016，27(4)：103-108.

[14] 张鹏. 多数据库环境数据集成与转换技术研究[D]. 北京：北方工业大学，2016：55.

[15] 潘志庚，马小虎，石教英. 多细节层次模型自动生成技术综述[J]. 中国图象图形学报，1998，3(9)：44-49.

[16] 郭黎. 多源地理空间矢量数据融合理论与方法研究[D]. 郑州：解放军信息工程大学，2008：126.

[17] 黄元怀. 多源矢量数据融合分析研究[J]. 工程技术研究，2022，7(12)：222-224.

[18] 王峰，滕俊利，王希秀. 多源数据融合实景三维建模关键技术研究[J]. 山东国土资源，2022，38(1)：70-73.

[19] 祁友杰，王琦. 多源数据融合算法综述[J]. 航天电子对抗，2017，33(6)：37-41.

[20] 林文辉. 基于 Hadoop 的海量网络数据处理平台的关键技术研究[D]. 北京：北京邮电大学，2014：143.

[21] 刘爱华，韩勇，张小垒，等. 基于WebGL技术的网络三维可视化研究与实现[J]. 地理空间信息，2012，10(5)：79-81.

[22] 徐刚，温剑锋，章豪，等. 基于数据融合的高分辨率遥感地理信息分层提取系统设计[J]. 电子设计工程，2022，30(11)：41-44.

[23] 张梦琪，孙卓尔. 江苏省市县级时空大数据平台运行监测评估方法研究[J]. 江苏科技信息，2022，39(14)：34-36.

[24] 徐小龙，杨庚，李玲娟，等. 面向绿色云计算数据中心的动态数据聚集算法[J]. 系统工程与电子技术，2012，34(9)：1923-1929.

[25] 刘宜灼，黄鸿. 平潭时空大数据云平台开发与建设[J]. 地理空间信息，2022，20(4)：82-86.

[26] 刘晶晶. 水质数据融合平台的研究与设计[D]. 杭州：浙江理工大学，2019：90.

[27] 张霖，罗永亮，陶飞，等. 制造云构建关键技术研究[J]. 计算机集成制造系统，2010，16(11)：2510-2520.

第4章

[1] WANG Y, ZHANG W, ENGEL B A, et al. A Fast Mobile Early Warning System for Water Quality Emergency Risk in Ungauged River Basins[J]. Environmental Modelling & Software, 2015, 73: 76-89.

[2] WANG C, LI C. A Sws-Based Remote Sensing Information and Knowledge Sharing System[C]// 2008 Proceedings of Information Technology and Environmental System Sciences, 2008: 113-118.

[3] WANG Y, ENGEL B A, HUANG P, et al. Accurately Early Warning to Water Quality Pollutant Risk by Mobile Model System with Optimization Technology[J]. Journal of Environmental Management, 2018, 208: 122-133.

[4] MA S, ZHANG S, CHEN Y, et al. Design and Realization of a Major Environmental Risk Source Management System[J]. Procedia Environmental Sci-

ences, 2013, 18: 372-376.

[5] LIN C, HU W, XU J, et al. Development of a Visualization Platform Oriented to Lake Water Quality Targets Management —A Case Study of Lake Taihu [J]. Ecological Informatics, 2017, 41: 40-53.

[6] YANG D, SONG W. Ecological Function Regionalization of the Core Area of the Beijing-Hangzhou Grand Canal Based on the Leading Ecological Function Perspective[J]. Ecological Indicators, 2022, 142: 109247.

[7] TIAN T, CHANG H. Marine Information Sharing and Publishing System: A Webgis Approach[J]. Journal of Coastal Research, 2019(94): 169-172.

[8] SILVA-HIDALGO H, MARTIN-DOMINGUEZ I R, TERESA A M, et al. Mathematical Modelling for the Integrated Management of Water Resources in Hydrological Basins[J]. Water Resources Management, 2009, 23(4): 721-730.

[9] ROBU B M, CALIMAN F A, BETIANU C, et al. Methods and Procedures for Environmental Risk Assessment[J]. Environmental Engineering and Management Journal, 2007, 6(6): 573-592.

[10] MEISEL M L, COSTA M D C, PENA A. Regulatory Approach on Environmental Risk Assessment. Risk Management Recommendations, Reasonable and Prudent Alternatives[J]. Ecotoxicology, 2009, 18(8): 1176-1181.

[11] ZIEMINSKA-STOLARSKA A, SKRZYPSKI J. Review of Mathematical Models of Water Quality[J]. Ecological Chemistry and Engineering S, 2012, 19(2): 197-211.

[12] AGGESTAM F. Setting the Stage for a Shared Environmental Information System[J]. Environmental Science & Policy, 2019, 92: 124-132.

[13] CARADONNA G, FIGORITO B, TARANTINO E. Sharing Environmental Geospatial Data through an Open Source WebGIS[C]//International Conference on Computational Science and Its Applications. Cham: Springer, 2015:

556-565.

[14] LEE S W, SARP S, JEON D J, et al. Smart Water Grid: The Future Water Management Platform[J]. Desalination and Water Treatment, 2015, 55(2): 339-346.

[15] WANG Y, LI Q, ZHANG W, et al. The Architecture and Application of an Automatic Operational Model System for Basin Scale Water Environment Management and Design Making Supporting[J]. Journal of Environmental Management, 2021, 290: 112577.

[16] VIGERSTAD T J, MCCARTY L S. The Ecosystem Paradigm and Environmental Risk Management[J]. Human and Ecological Risk Assessment, 2000, 6(3): 369-381.

[17] WANG Y, HU J, ZHAO Y. The Progress of Environmental Risk Management[C]//Advanced Materials Research. Stafa-Zurich: Trans Tech Publications Ltd, 2013, 726: 1064-1067.

[18] KWIATKOWSKI R E. The Role of Risk Assessment and Risk Management in Environmental Assessment[J]. Environmetrics, 1998, 9(5): 587-598.

[19] XU C, YANG G, WAN R, et al. Toward Ecological Function Zoning and Comparison to the Ecological Redline Policy: A Case Study in the Poyang Lake Region, China[J]. Environmental Science and Pollution Research, 2021, 28(30SI): 40178-40191.

[20] CHEN D, JIN G, ZHANG Q, et al. Water Ecological Function Zoning in Heihe River Basin, Northwest China[J]. Physics and Chemistry of the Earth, 2016, 96: 74-83.

[21] BRANCELJ I R, KUSAR U, FRANTAR P, et al. Water in Environmental Information Systems[J]. Geodetski Vestnik, 2012, 56(4): 737-751.

[22] CAMPIONI A, BALDI D, ABBATTISTA F, et al. Web Geographical Information System for the Management of Environmental Data[J]. Consoil 2008:

Theme F-Sustainable & Risk Based Land Management, 2008: 311-319.

[23] LIU L, SONG W, ZHANG Y, et al. Zoning of Ecological Restoration in the Qilian Mountain Area, China[J]. International Journal of Environmental Research and Public Health, 2021, 18(23): 12417.

[24] 张秀菊，王宝斌，徐小溪，等. 动态水环境容量研究——以潇河流域为例[J]. 中国农村水利水电，2022(2): 20-26.

[25] 刘冰，胡亚明. 凡河流域水生态功能分区与管理方案研究[J]. 环境保护与循环经济，2018, 38(9): 50-51.

[26] 王瑞芳，范刻心. 改革开放以来长江中下游的水污染治理[J]. 当代中国史研究，2021, 28(5): 84-99.

[27] 吴阳，王俭，刘英华，等. 河流水质目标管理技术研究综述[J]. 黑龙江科学，2017, 8(12): 9-11.

[28] 郭晓明. 湖泊群水环境数学模型及其应用研究[D]. 武汉：华中科技大学，2013: 133.

[29] 姚力玮. 基于 Mike11 的嫩江干流水环境容量模型改进研究[D]. 北京：华北电力大学，2017.

[30] 金陶陶，邓富亮，马放，等. 基于服务式 GIS 的流域水质目标管理技术平台架构设计[J]. 环境工程技术学报，2011, 1(6): 505-511.

[31] 陈潮. 基于水环境数学模型的规划可达性分析——以南北港河为例[J]. 环境与发展，2020, 32(11): 79-83.

[32] 时艳婷. 基于水生态功能分区的流域水环境质量评价模型研究[D]. 哈尔滨：哈尔滨工业大学，2017.

[33] 吴华赟. 可持续发展水资源与水环境信息共享系统分析与设计[D]. 北京：华北电力大学，2008.

[34] 张琦，徐玉新，李华荣，等. 可视化河流水环境数学模型的设计与开发[J]. 人民黄河，2012, 34(11): 54-56.

[35] 姚成平，张家福. 水环境数学模型数值方法比较[J]. 环境，2006(S1): 169-

170.

[36] 刘巍. 水环境数学模型探析[J]. 东北水利水电，2012，30(3)：1-3.

[37] 徐祖信，朱海亮，廖振良. 水环境数学模型与GIS的集成研究[J]. 环境污染与防治，2007(10)：785-788.

[38] 殷悦，杨思奇. 水利数据交换平台升级改造设计[C]//2022(第十届)中国水利信息化技术论坛，2022：11.

[39] 刘宝玲. 水污染环境风险分区综合评价与信息化管理系统研究[D]. 哈尔滨：哈尔滨工业大学，2015：166.

[40] 张磊，方莹萍，叶新辉，等. 太湖流域(浙江片区)水环境大数据平台建设探讨[J]. 资源节约与环保，2016(7)：148-150.

[41] 黄琴，倪平，毕军，等. 太湖流域水生态环境功能分区管理绩效评估研究[J]. 长江流域资源与环境，2022，31(5)：1116-1124.

[42] 李海生，朱广庆，杨鹊平. 长江保护修复联合研究实践与展望[J]. 环境保护，2022，50(17)：15-18.

[43] 张帆，林安妮，白鸽，等. 长江经济带流域水污染区域协同治理研究[J]. 合作经济与科技，2021(23)：164-166.

[44] 黄万华，王怡霏，高红贵，等. 长江流域水污染治理省际竞争的空间效应测度[J]. 统计与决策，2022，38(12)：64-69.

[45] 穆小玲，席献军，朱洪生，等. 郑州市贾鲁河水环境容量及污染调控研究[J]. 人民黄河，2018，40(9)：78-82.

[46] 陈善荣，董广霞，张凤英，等. “十三五”时期长江经济带地表水水质及关联分析[J]. 环境工程技术学报，2022，12(2)：361-369.